KB170673

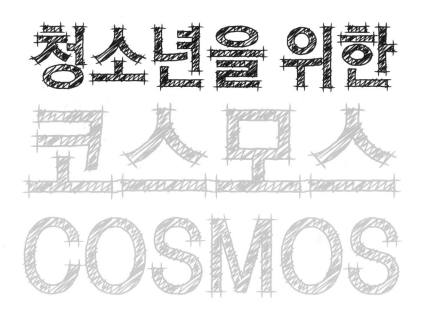

청소년을 위한 코스모스 COSMOS

에마뉘엘 보두엥 · 카트린 에벙 보두엥 지음

홍은주 옮김 | 임태훈 감수

세상에서
가장 재미있는 천문학

생각의길

청소년을 위한
코스모스
COSMOS

초판 1쇄 발행 2016년 7월 4일
초판 3쇄 발행 2019년 10월 14일

지은이 에마뉘엘 보두엥 · 카트린 에벵 보두엥
옮긴이 홍은주
감수 임태훈

펴낸이 이상순 **주간** 서인찬 **편집장** 박윤주 **제작이사** 이상광
기획편집 박월, 김한솔, 최은정, 이주미, 이세원 **디자인** 유영준, 이민정
마케팅홍보 이병구, 신희용, 김경민 **경영지원** 고은정

펴낸곳 (주)도서출판 아름다운사람들
주소 (10881) 경기도 파주시 회동길 103
대표전화 (031) 8074-0082 **팩스** (031) 955-1083
이메일 books777@naver.com
홈페이지 www.books114.net

생각의길은 (주)도서출판 아름다운사람들의 교양 브랜드입니다.

Petites expériences insolites pour découvrir l'univers.
30 Expériences pour jeunes astronomes
written by Emmanuel BEAUDOIN and Catherine EVEN-BEAUDOIN,
and illustrated by Rachid Maraï
©DUNOD, Paris, 2015.
All Rights Reserved
Korean translation ©2016 by Beautiful People
Korean translation rights arranged with DUNOD through Orange Agency

우리들의 눈부신 작은 별, 마리안느에게

이 책을 기획하고 집필을 맡겨 준 안느 부르기뇽, 구석구석
공들여 편집하고 특히 정밀한 초상화를 그려 준 클레망스
모케, 필요한 대목에서 늘 적절한 도움을 준 나탈리 페리와
주디 슈라키, 이 책의 모든 그림을 훌륭하게 그려 준 라시드
마라이. 이들 모두에게 커다란 고마움을 전한다.

들어가며

천문학은 역사가 가장 오래된 과학이다. 고대 인류가 천체의 움직임을 보고 시간과 계절을 읽었다는 점에서 천문학은 인류가 사용한 최초의 도구들 가운데 하나였다. 인류는 먼 옛날부터 우주의 아름다움에 눈을 떴고, 우주를 알기 위해 노력해 왔다. 우주의 신비는 모든 이를 사로잡는 힘이 있다. 지평선 위로 떠오르는 붉은 보름달을 볼 때, 석양에 찬란히 빛나는 금성을 볼 때, 훌륭한 천문학자나 초보 관찰자나 똑같은 감동을 느낄 것이다.

이런 경이로운 우주를 더 잘 이해하기 위해 이 책에서는 천문학 발전을 가져온 서른 가지 주요 발견을 통해 2,000년의 역사를 훑어보고자 한다. 사실 천문학상 중요한 발견을 해냈던 과학자들은 때때로 큰 난관에 부딪쳤다. 이를테면 갈릴레이는 지구가 태양 주위를 돈다고 너무 열렬히 주장하다가 재판에 회부되고 자유를 잃기도 했다.

우선 〈알고 넘어가야 할 과학 지식〉에 실린 설명을 찬찬히 읽고 제대로 이해하자. 그다음은 전부 여러분 몫이다. 여러분은 천문학의 진보를 과학적인 방식으로 하나하나 체험할 것이다. 방법은 간단하다. 직접 확인하기. 이를 위해 이 책에서는 재미난 실험들을 준비했다. 여러분이 실험을 통해 천체의 이모저모를 눈으로 확인하고 더 깊이 이해할 수 있기를 바란다.

천문학에서의 실험은 무엇보다 '관찰'이다. 그러니까 일단 맨눈으로 몇 가지 현상을 관찰하자. 인류는 오직 두 눈으로 본 현상을 스스로의 머리로 생각함으로써 지구의 형태와 기울기, 태양 주위를 도는 행성들의 운행, 그리고 일식과 월식을 이해했다. 지구가 둥글다면 그 그림자 또한 둥글 것이다. 그러니까 다음번 월식 때 이 사실을 직접 확인해 보자. 또 지구가 돌고 있다면 북극성 주위의 큰곰자리도 움직일 것이다. 이것도 밤하늘에서 확인해 보자. 여러분도 얼마든지 맨눈으로 쌍성을 찾아내거나 은하의 먼지를 관찰할 수 있다.

1609년 갈릴레이가 최초로 망원경으로 하늘을 봄으로써 우주의 많은 비밀이 드러났다. 금성도 달처럼 차고 기울며, 목성 주위에는 위성들이 돌고 있다. 이런 사실들을 믿으려면 직접 봐야 한다. 작은 망원경으로 천체를 관찰하는 법을 이 책에서 배워 보자. 최근에는 크게 비싸지 않으면서도 훌륭한 망원경이 많이 나와 있다. 망원경으로 밤하늘의 별들을 보는 순간 여러분도 이내 우주에 사로잡히고, 어쩌면 갈릴레이가 된 기분을 맛볼 것이다.

머나먼 우주를 조금이나마 가까이 느끼려면 모형을 만들어 보는 것도 좋다. 그러면 상상할 수도 없이 먼 우주 공간에서 벌어지는 일을 한결 실감 나게 볼 수 있다. 별자리의 축소 모델로 별들 사이의 거리를 확인하고, 미니 혜성으로 태양열이 혜성을 어떻게 녹이는지 상상해 보자. 달이 차고 기우는 현상을 손전등 하나로 재현하고, 팽창하는 우주를 풍선을 이용해 눈앞에서 만들어 보자. 실험은 과학의 고유한 속성이다. 가설들을 실증하고, 재검토하고, 필요한 모든 증거가 확보되기 전에는 절대 인정해서는 안 된다. 여러분도 이런 방법으로 몇 세기 전 천재 과학자들의 실험 몇 가지를 재현해 보자. 이를테면 지구의 기울기나 지구의 둘레를 추산해 보자. 거리의 가로등 불빛을 분해하거나 유성진을 거두어 보자.

대개는 밤하늘을 바라보거나 간단히 조립하고 맞추는 일이지만 조금 어려운 실험도 있다. 제법 솜씨를 부려야 할 때도 있고, 여러분이 관측할 천체가 희미할 때도 있기 때문이다. 우주의 시간과 우리의 시간이 전혀 다른 탓에 인내심을 발휘해야 할 때도 있다. 그래서 이 책에서는 실험의 난이도를 1(★)에서 3(★★★)까지 나누었다. 특히 용기가 필요한 실험도 한두 가지 있다. 이를테면 달 표면에서는 지구보다 중력이 약하다는 것을 체험하기 위해 달까지 갈 수는 없다. 대신 용기를 내어 트램펄린에 도전하면 달 표면의 중력을 상상해 볼 수 있다.

이런 재미난 실험을 통해 여러분이 우주를 탐험하고, 놀라움을 맛보고, 새로운 사실들을 알게 되기를 바란다. 그 결과 또 다른 호기심과 탐구심을 품고 한 발 더 나아가고 싶어진다면 이 책의 목적은 훌륭하게 달성되는 셈이다.

난이도	
⭐	쉬운 실험.
⭐⭐	살짝 어려운 실험. 어른의 도움을 받는 것이 좋다.
⭐⭐⭐	조금 복잡한 실험. 관찰하기 어려운 천체이거나 어른의 도움이 필요하다.

차 례

01

선사시대 인류가 달위상을 관찰하다

달은 한 달에 걸쳐 모양을 바꾼다

아주 먼 옛날부터 달은 인류의 밤을 밝혀 왔다. 눈을 들어 하늘을 쳐다본 사람들은 누구라도 달의 모습을 놓치지 않았을 것이다. 빛나는 달은 밤마다 모습을 바꾸어 우리 앞에 나타난다. 매일 밤 달이 보여주는 각기 다른 모양을 '달위상'이라 한다. 이미 3만 년 전의 기록에서 이와 관련된 내용이 발견된다.

고생물학자들은 구석기시대 초기인 300만 년 전 최초의 '호모' 종 인류가 지구에 나타났을 것이라 생각한다. 이들은 유목민으로, 야생 동물 떼를 사냥하기 위해 이동하며 살았다. 구석기시대 인류가 언제부터 하늘을 바라보았는지는 알 수 없지만 이들에게 예술적 재주가 있었던 것은 분명하다. 이들은 동굴 암벽에 벽화를 남겼는데, 가장 오래된 것은 몇 만 년 전까지 거슬러 올라간다. 전문가들에 따르면 여러 벽화 속에 이들이 하늘에 호기심을 품었다는 사실이 드러난다. 밤하늘에서 가장 빛나는 천체인 달은 벽화의 좋은 소재가 되었으리라 짐작한다. 미국 고생물학자 알렉산더 마샤크는 3만 2,000년 전의 블랑샤르 동굴에서 발견된 뼈에 달위상이 조각된 것을 알아냈다.

기원전 약 1만 년 전 농업이 나타나면서 구석기시대가 끝나고 신석기시대가 왔다. 최초의 정착 문명에서 하늘을 관찰하는 일은 이제 단순히 예술 활동을 위해서만은 아니었다. 인간은 언제 씨앗을 뿌리고 언제 거둬들일지 판단하기 위해 달력이 필요했다. 그래서 태음태양력 즉 달과 해의 주기적 움직임을 토대로 한 달력이 발전했다. 완벽하게 규칙적

'지혜로운 사람'을 뜻하는 '호모사피엔스'는 근대적 인류로 여겨진다.
이들은 옷을 입고 불을 통제했으며, 발달한 사회적 관계와 언어를 지녔다.
특히 다른 종의 인류와 달리 예술과 기술면에서 창조력을 지니고 있었다.

인 달위상 변화는 훌륭한 기준이었다. 아직 그노몬(고대 바빌로니아와 이집트에서 사용한 해시계-역주)도 발명되지 않았던 시대였으니 시간을 재는 도구가 전혀 없었다는 사실을 기억하자〈3,000년 전, 이집트인들이 해시계를 발명하다〉를 볼 것).

환하게 밤을 밝히는 달은 분명 구석기시대 인류의 관심을 끌었을 것이다.

알고 넘어가야 할 과학 지식

달은 지구 주위를 돈다. 그리스인들 가운데서도 특히 아낙사고라스 (기원전 500~428)는 달이 스스로 빛을 내뿜는 것이 아니라 태양에서 온 빛을 반사할 뿐이라고 생각했다. 그리스인들은 달위상을 정확히 설명했다. 그들은 달위상이 우리가 지구로부터 보는 달의 밝은 부분에 해당한다는 사실을 알았다.

달위상을 분간하는 일은 천문학의 기본적이고 주요한 관찰들

그리스인들은 달위상을 정확히 설명했을 뿐 아니라 천체의 식(蝕, 한 천체가 다른 천체에 의하여 완전히 또는 부분적으로 가려지는 현상)에 관해서도 기록하고, 상당히 복잡한 수준의 예측도 했다(〈2,200년 전, 히파르코스가 천체의 식을 예언하다〉를 볼 것).

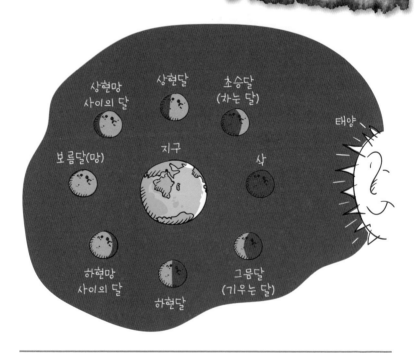

달위상은 달이 지구 주위의 어디쯤에 있느냐와 관련되어 있다.

달은 지구가 생겨나고 얼마 후, 지구와 그 절반 크기의 물체가 충돌해 생긴 것으로 짐작된다. 그 후 지구의 인력이 달의 자전을 조금씩 늦추어, 달의 자전에는 27일이 걸리게 되었는데, 이 수치는 달이 지구 주위를 한 바퀴 도는 주기와 똑같다. 그 결과 우리는 언제나 달의 같은 면만 본다. 이것을 달의 '보이는 면'이라 한다. 우리한테 영원히 등을 돌리고 있는 달의 뒷면은 1950년대 말 무인 우주탐사선이 촬영함으로써 최초로 드러났다.

가운데 하나이다. 달은 지구 주위를 돌면서 밤하늘에서 매일 동쪽으로 옮아가고, 동시에 태양빛을 받아 환한 부분도 매일 바뀐다. 삭(朔, 달이 태양과 지구 사이에 들어가 일직선을 이루는 때)이 되면 달은 우리 눈에 보이지 않는다. 달의 밝은 부분이 지구에서 완전히 등을 돌리기 때문이다. 이때부터 2~3일 동안 초승달이 저녁 하늘에 나타난다. 이것이 점점 커져 초승달로부터 7일 후에 상현달이 된다. 이후에도 달은 점점 둥글어져 불룩

한 모양의 달이 된다. 초승달로부터 14일 후, 태양이 밝히는 달의 환한 부분은 지구에서도 온전히 보인다. 이것이 보름달이다. 이때 달 표면에 뚜렷이 드러나는 용암 바다를 볼 수 있다. 달은 지구 주위를 계속 돌고, 달의 밝은 부분은 날이 갈수록 줄어들고, 달이 뜨는 시각도 점점 늦어져 거의 새벽에 떠오른다. 약 한 달 후 하늘에서 달의 회전이 완결되면, 달은 다시 우리 눈에 보이지 않게 된다. 이로써 삭망월(朔望月, 달이 삭에서 다음 삭까지 또는 망에서 망까지 이르는 시간)이 끝난 것이다.

삭과 보름달(망, 望) 사이의 달을 '차는 달', 보름달(망)과 삭 사이의 달을 '기우는 달'이라 한다.

달의 바다는 커다란 소행성들의 충돌로 생겨났으며 용암이 굳어져 만들어진 것이다. 달 표면에서 어두운 부분으로 맨눈으로도 볼 수 있다.

실험

달위상을 재현하자

천문학자들은 달위상의 원리를 일찌감치 이해했다. 태양이 밝히는 달의 환한 부분은 달이 지구 주위의 어디쯤 있느냐에 따라 우리 눈에 다르게 보인다는 것이다. 이것을 간단한 재료만으로 시각화해 보자. 과일이 달, 손전등이 태양, 여러분 자신은 지구라고 생각하자. 이 실험으로 달위상을 이해하고, 친구들에게도 증명해 보자.

준비물

- 동그란 과일
- 손전등(빛이 강한 것이 좋다)
- 넓고 어두운 방
- 손전등을 올려놓을 선반

주의!
실험용으로는 살짝 덜 익은 과일이 좋다. 혹 떨어뜨려도 짓이겨지지도 않고, 실험을 하다 말고 먹고 싶은 생각이 들지도 않을 테니까.

1 방을 어둡게 만든다.

2 손전등을 받침대(적당한 가구나 선반 따위) 위, 거의 여러분 머리 위치에 오게 놓고 스위치를 켠다.

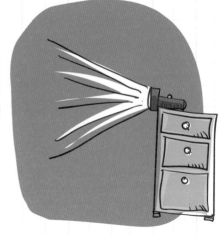

3 방안의 불을 다 끄고 손전등 불빛만 여러분을 비추게 만든다. 그리고 손전등에서 서너 발짝쯤 걸어간 자리에 서자.

4 여러분(정확히는 여러분의 머리)은 지구인 동시에 지구에 있는 관측자다. 이제 팔을 반쯤 펴서 달을 여러분 머리보다 약간 위로 올려 보자. 그리고 태양과 완전히 등지고 서 보자. 과일 전체가 환히 보인다. 이것이 보름달이다.

보름달

5 달이 지구 주위를 돌게 만들어 보자. 과일을 든 팔을 움직이지 않은 채 천천히 왼쪽으로 돌면서 과일을 관찰해 보자(과일이 손전등의 불빛을 벗어나지 않도록 주의하자). 과일의 오른쪽 부분 즉 태양의 반대쪽이 조금씩 어두워질 것이다. 보름달이 된 다음, 달은 점차 기울어 하현망 사이의 달에 가까워진다.

> 달위상이 실제와 반대로 일어나지 않도록 여러분은 시계 바늘과 반대 방향으로 돌아야 한다.

6 여러분이 조금씩 몸을 돌린 끝에 팔이 다시 손전등 불빛과 직각이 되면 과일의 보이는 면은 이제 정확히 절반만 밝게 보인다. 이것이 하현달이다.

7 계속 왼쪽으로 돌아 보자. 과일이 손전등 방향과 가까워짐에 따라 지구에서 보이는 밝은 부분의 면적은 점점 줄어든다. 말하자면 삭을 향해 나아가는 중이다.

8 삭이 되면 과일의 밝은 반쪽은 여러분의 시선과 반대쪽에 있다. 이때는 달의 어두운 면밖에 볼 수 없다. 다시 말해 달은 보이지 않는다.

9 같은 방법으로 과일을 계속 돌리면 새로운 삭망월이 시작된다. 초승 달, 상현달, 상현망 사이의 달, 그리고 보름달이 되돌아온다. 각 단계를 하나도 놓치지 말고 확인하자.

기왕 시작한 실험이니 살짝 욕심을 부려 보자. 정확히 손전등 정면에 과일을 놓으면 개기일식을 재현할 수 있다(〈2,200년 전 히파르코스가 천체의 식을 예언하다〉를 볼 것).

상현달

달의 감춰진 면

과일 껍질에 수성 펜으로 그림을 그려 이것이 달의 바다라 상상하자. 그러면 언제나 같은 그림 즉 과일의 똑같은 면만 보인다는 사실을 알 수 있다. 지구의 관측자가 달의 감춰진 면을 영원히 보지 못하는 것도 이와 같은 원리이다.

02

7,000년 전

메소포타미아인들이 별자리를 고안하다

상상에서 생겨난 밤하늘의 그림들

별자리는 실제로는 서로 관계가 없는 별들을 한 무리로 모은 것이다. 말하자면 인간의 풍부한 상상력의 소산이자 인류 문화유산의 일부분이다. 실은 매우 멀리 떨어져 있는 별들이 순전히 우연히, 혹은 보는 각도에 따라 하늘에서 가까이 붙어 있는 것처럼 보인다. 고대인들은 밤하늘을 수놓은 별들의 모습이 갖가지 동물들 혹은 왕과 여왕을 닮았다고 생각했다. 그리고 그 안에 때때로 믿어지지 않는 이야기가 깃들었으리라 상상했다.

하늘에 관심을 품었던 가장 오래된 문명의 흔적은 메소포타미아인들에게서 찾을 수 있다. 어떤 의미로는 천체를 연구하는 천문학은

메소포타미아인들은 기원전 5,000년부터 티그리스 강과 유프라테스 강 사이, 현재의 이라크 지역에 정착한 사람들이다.

7,000년 전 메소포타미아인들이 시작했다고 할 수 있다. 천문학은 역사가 가장 오래된 과학인 셈이다.

천체를 알고, 뜨고 지는 별들을 아는 것은 농업에 특히 유용했다. 특정한 별들의 무리가 새벽 하늘에서 눈에 잘 띄기 시작하면 그때가 씨를 뿌리거나 거둘 때였다.

별자리는 고대인의 머리 위에서 빛나는 두렵고 경이로운 세계와 친숙해지는 방법이기도 했다. 사자자리, 황소자리, 염소자리 혹은 전갈자리 같은, 메소포타미아인들의 눈에 들어온 최초의 별자리들은 그들의 신화나 전설의 한 부분이었다.

고대의 별자리는 대부분 황도대, 그러니까 태양과 행성들이 한 해 동안 지나가는 길 위에 있다. 기원전 600년에 이미 메소포타미아인들은 황도대를 12등분해 각각 별자리 이름을 붙였다. 그리고 이 황도 12궁을 점성술에 이용했다.

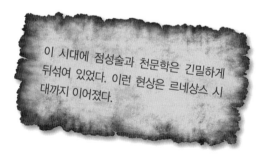

이 시대에 점성술과 천문학은 긴밀하게 뒤섞여 있었다. 이런 현상은 르네상스 시대까지 이어졌다.

알고 넘어가야 할 과학 지식

기원 원년 메소포타미아 제국이 무너지기 전에 몇몇 그리스인들이 이 곳으로 천문학을 연구하러 왔다. 그들은 메소포타미아 문명의 지식을 습득하고 천문학을 더 발전시켰다. 이로부터 두 세기가 채 흐르기 전에 학자들이 밤하늘에서 헤아린 별자리는 마흔여덟 개에 이르렀다. 프톨레마이오스(85-165)의 〈알마게스트〉에 기록된 이 별자리 목록은 이후 15세기 동안 아무 수정 없이 그대로 사용되었다. 중세 시대, 아랍인들은 프톨레마이오스가 살던 알렉산드리아에서는 볼 수 없었던 별자리 몇 개를 더 발견했다.

북극권과 남극권
일반적으로 북극권은 북쪽, 남극권은 남쪽과 비슷한 뜻으로 쓰인다. 우리가 북반구의 하늘을 보느냐 남반구의 하늘을 보느냐에 따라 여러 현상들(예를 들어 '북극광') 혹은 별자리들(예를 들어 '북쪽왕관자리') 등을 가리킬 때 이 낱말들을 사용한다.

17세기부터 유럽의 탐험가들이 남반구의 바다를 탐험하기 시작했다. 그들은 섬과 대륙뿐만 아니라 북반구에서는 볼 수 없었던 별들도 발견했다. 이로써 새로운 남반구의 별자리들이 알려졌다. 독일 탐험가 요한 바이어(1572-1625)가 열 개 이상의 별자리를 발견했고, 그 얼마 후 프랑스 탐험가 니콜라 루이 드 라카유(1713-1762)도 새 별자리를 찾아냈다. 그 사이 폴란드의 헤벨리우스(1611-1687)도 주

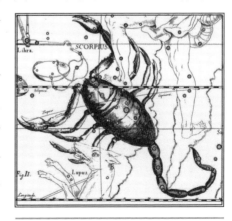

1690년 요하네스 헤벨리우스가 묘사한 전갈자리

로 북반구에서 보이는 작은 별자리들을 찾아냈다.

밤하늘의 모든 별은 우리 은하의 중심 주위를 천천히 돌고 있다. 이 운동으로 인해 별자리들의 모양이 조금씩 흐트러진다. 그리고 별자리의 별들이 지구와 가까울수록 그 속도는 더 빠르다. 큰곰자리의 경우가 제일 뚜렷하다. 이 별자리의 꼬리 부근인 '수레'(대한민국에서는 북두칠성이라 한다)는 10만 년쯤 후에는 알아볼 수 없게 될 것이다.

별자리의 이름과 배열은 영원히 바뀔 수 없다. 1920년대에 국제천문연맹(IAU)이 모두 여든여덟 개 별자리의 이름과 범위를 결정했다. 하늘의 모든 장소는 이 가운데 한 곳에 속해 있다.

국제천문연맹이 채택한 별자리는 기본적으로 그리스인들이 만든 것이지만 다른 문명과 민족도 그들만의 상상력을 밤하늘에 펼쳤다. 이를테면 큰곰자리의 주요 별들은 앵글로색슨족에게는 냄비, 북유럽에서는 수레, 동아시아에서는 국자로 통했으며 아랍인들의 눈에는 관으로 보였다.

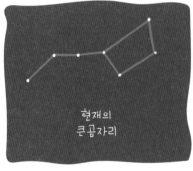

현재의 큰곰자리

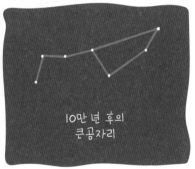

10만 년 후의 큰곰자리

큰곰자리의 '수레(북두칠성)'는 10만 년 후 '외바퀴 손수레'로 변할 것이다.

실험

전갈자리를 찾아보자

먼 옛날 메소포타미아인들이 상상한 최초의 별자리들 가운데 하나인 전갈자리를 찾아보자. 전갈자리는 여름 방학 때 특히 잘 보인다. 또 전갈자리의 형태는 황도 12궁 가운데서도 가장 선명한 편이다. 집게발과 몸통이 또렷이 보이고, 붉은색 눈은 누가 봐도 놓칠 수 없다. 더욱이 프랑스 어느 지역에서나 전갈자리는 늘 지평선 가까이 머무르므로, 여러분도 얼마든지 관측에 도전할 수 있다.

준비물

- 좋은 시력. 혹 근시라면 안경을 낄 것
- 이 페이지에 나온 전갈 그림

1 이 실험은 구름도 안개도 없는 맑은 여름 저녁에 해야 한다. 달이 있어도 큰 방해는 되지 않는다.

2 남쪽이 환히 트인 장소를 확보하자. 전갈자리가 지평선에서 매우 가까운 탓에 집이나 나무에 가려 잘 보이지 않을 수도 있다.

3 전갈자리는 여름 내내 보이지만 대신 밤이 깊어진 후에만 보인다. 그런데 프랑스의 여름은 석양이 길다(7월에는 자정이 넘도록 이어진다). 프랑스 북부 지방이라면 석양이 너무 긴 6월은 피하는 것이 좋다.

4 밤이 깊어지면 낮은 남쪽 하늘에서 빛나는 별을 찾아보자. 이 지역에서 거의 유일하게 볼 수 있는 별이니까 틀릴 가능성은 별로 없다. 이것이 전갈자리의 중심별 안타레스이다. 전갈의 눈에 해당하는 이 별의 붉은 오렌지색을 잘 살펴보자. 사실 안타레스는 색깔이 가장 생생한 별들 가운데 하나이다.

5 주의! 황도 12궁의 별자리들이 다 그렇지만, 전갈자리도 때때로 행성들의 방문을 받는다. 그러므로 행성과 안타레스를 혼동하지 않도록 주의하자. 예를 들어 2015년과 2017년 사이에는 토성이, 2019년에는 목성이 이 주위를 어슬렁거릴 것이다.

> 잘 모르겠다면 행성은 별들과는 달리 거의 반짝이지 않는다는 점을 떠올리자.

6 안타레스를 찾았으면 이제 전갈자리를 더 자세히 관찰해 보자. 특히 오른쪽으로 멀지 않은 곳에 있는 별 한 무리를 찾아보라. 이 별들 가운데 일부는 활 모양인데 이것이 전갈의 위협적인 집게 부분이다.

안타레스

남쪽

7 안타레스 밑으로 거의 수직으로 펼쳐지는 몸통의 나머지 부분은 찾기가 조금 더 어렵다. 지평선 가까이 있기 때문이다. 밤하늘이 아주 맑은 날을 택해 이 별들을 찾아보자. 혹 프랑스 남부, 특히 탁 트인 지중해 연안 지역에서 관찰한다면 전갈자리 전체를 완벽하게 볼 수 있을 것이다. 집게, 붉은 눈, 날카로운 침을 지닌 이 별자리는 밤하늘에서 유난히 인상적인 그림이다.

안타레스는 화성의 경쟁자

안타레스는 그리스어로 '화성의 적', '화성의 경쟁자'라는 뜻이다. 왜 경쟁자일까? 안타레스의 붉은 오렌지색이 역시 붉은색 행성인 화성과 견주어 손색이 없기 때문이다. 물론 두 색깔의 기원은 전혀 다르다. 안타레스의 오렌지색이 별 표면의 낮은 온도 탓인 반면, 태양빛을 그저 반사할 뿐인 화성의 경우는 단순히 산화철이 풍부한 토양 탓이다.

03

3,000년 전

이집트인들이
해시계를 발명하다

태양으로 시간을 읽다

하루의 시간을 알고 계절을 구분하는 일은 농경 사회에서 늘 중요했다. 그러므로 정착민들이 최초로 만든 도구 가운데 하나가 시간을 재는 도구였다는 사실은 놀랄 일도 아니다. 처음에는 하루의 한복판인 정오를 가리키고, 하지와 동지를 알려주는 데 그쳤던 그노몬은 필요에 따라 점차 기능이 개량되어 마침내 해시계가 되었다.

그노몬의 발명은 일반적으로 바빌로니아인들의 공로로 여겨진다. 하지만 여러 고대 문명권에서 동시에 이 도구를 사용했다. 그노몬은 시간과 계절에 대한 귀중한 정보를 일러 주었다. 태양이 하늘의 가장 높은 곳에 걸려 있을 때 말

> **그노몬**은 고대 그리스어로 '표시'를 뜻한다. 땅에 말뚝을 세워 그림자가 지면에 늘어지게 만든 간단한 도구이다.

뚝이 늘어뜨리는 그림자는 제일 짧다. 이때가 정오다. 한편 정오의 태양의 고도는 계절에 따라 달라진다. 겨울에는 태양이 낮고 여름에는 매우 높다. 한 해 중 그노몬의 그림자가 제일 긴 때가 동지, 제일 짧은 때가 하지이다.

기원전 1,000년 무렵 이집트인들이 그노몬을 대폭 개량했다. 우선 그림자를 늘어뜨리는 면이 수평면에서 수직면(이를테면 벽)으로 바뀌었다. 나아가 이 수직면도 균등한 시간대로 나뉘었다. 또 말뚝보다 한결 정확한, 가늘고 비스듬한 막대기를 사용하게 되었다. 수직면에 그림자를 늘어뜨리는 이 도구를 지침이라 불렀다. 그림자가 눈금반의 어디에 와 있는지 확인만 하면 이제 하루 어느 때나 시간을 읽을 수 있었다(대신 밤에는 이야기가 복잡해진다!). 드디어 해시계가 본격적인 활약을 시작하게 되었다.

고대의 수많은 건조물에 해시계가 장식되어 있다.

알고 넘어가야 할 과학 지식

해시계는 몇 백 년 동안 인류에게 시간을 알려주는 유일한 도구였다. 문제는 날씨가 매일 화창하지는 않다는 점이다. 구름 낀 날에는 시간을 알 수 없는 것이 해시계의 단점이었다. 더욱이 지구상의 어느 지점이냐에 따라 태양이 정오를 가리키는 시각이 제각각 다르다. 땅덩어리가 큰 나라라면 말할 것도 없고, 면적이 프랑스 정도만 되는 나라에서도 이 도구는 썩 편리하지 못했다. 태양이 하늘 가장 높이 걸리는 시각이 실은 프랑스 동쪽에 위치한 리

> 현대에는 시간을 어떻게 측정할까? 최초의 수정 진자시계는 1928년 미국에서 개발되었다. 하지만 수정이 손목시계에 다시 등장하는 것은 1960년대 말이다. 오늘날 기준 시(時) 측정은 지극히 복잡하고 정확한 원자시계가 담당한다. 시간을 아는 길이 태양뿐이었던 시대는 그야말로 먼 옛날이 된 것이다.

옹이 서쪽의 보르도보다 살짝 빠르다. 게다가 지구의 공전 궤도가 타원형인 까닭에, 일 년 중 어느 시기냐에 따라 태양은 약간 빨리 나아가기도 하고 느리게 나아가기도 한다(〈400년 전, 케플러가 행성들의 운동을 방정식화하다〉를 볼 것). 결국 해시계로 정확한 시간을 얻기 위해서는 몇 가지 개량이 필요했다.

이런 단점을 지닌 해시계가 살아남은 것과는 별도로, 인류가 더 정확하고 믿을 만한 시간 측정법을 계속 개발한 사실은 어찌 보면 당연했다. 최초의 기계식 시계는 14세기 유럽에서 탄생했다. 하나의 추가 톱니바퀴 장치를 끌고, 이 톱니바퀴 장치가 시간을 나타내는 바늘에 연결되어 있었다. 처음에는 주로 부유한 상인 계층이 이 시계를 이용했지만 이내 정확성이 떨어지고 불편하다는 사실이 드러났다. 더욱이 최소한 여섯 시간에 한 번씩 추를 다시 올려야 하는 점도 번거로웠다.

17세기 들어 시계가 대폭 개량되었다. 네덜란드 과학자 크리스찬 호이겐스가 추의 운동에 대한 갈릴레이의 관찰을 응용한 것이 계기였다. 추가 매우 정확히 진동한다는 사실에 착안해 추를 기계식 시계에 성공적으로 도입할 수 있었다. 나중에는 추를 진동시키는 저울추 대신 태엽을 쓰게 되었고, 이로써 시계의 구조가 소형화되어 손목시계가 탄생했다.

시간 측정은 늘 인류의 큰 관심사였다.
위의 그림은 프라하의 원자시계로, 달과 태양의 위치를 동시에 나타낸다.

실험

해시계를 만들어 보자

직접 만든 해시계로 시간을 읽는다면 시판용 해시계와는 전혀 다른 기쁨을 맛볼 것이다. 게다가 정확도도 한결 높다. 좀 옛날식이지만 매우 간단한 방법으로 해시계를 만들 수 있다. 여러분만의 해시계로 시간을 읽어 가족과 친구들을 놀래 주자.

준비물

- 두께 약 1센티미터, 가로세로 지름이 각각 40센티미터 정도의 나무판
- 지름 1센티미터, 길이 20센티미터의 나무 막대
- 작은 톱
- 드릴
- 강력 풀(순간 접착제)
- 시계
- 유성 펜
- 목재용 무색 니스

주의!

톱과 드릴은 위험한 도구이다. 사용은 반드시 어른에게 부탁하자.

1 한 면의 지름의 이 약 40센티미터인 나무판, 지름 1센티미터에 길이 20센티미터의 나무 막대를 준비한다. 이 나무 막대를 해시계의 '지침'으로 쓸 것이다.

해시계는 남향으로 설치해야 한다. 그러니까 해시계를 만들기 전에 남향의 판자 울타리나 벽에 시계를 설치해도 좋다는 허가부터 받아 두자.

2 막대기 끝을 약 45도 각도로 비스듬히 잘라 달라고 어른에게 부탁하자. 정확한 각도는 여러분이 있는 장소의 위도에 달려 있다. 여기서는 프랑스의 평균적 수치이다.

역주 서울의 위도는 37.6도이니 37도 정도로 자르면 적당하다.

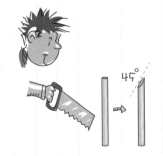

풀(순간 접착제)

3 빨리 굳는 풀(순간 접착제)을 막대의 잘린 면에 듬뿍 칠해 나무판 위, 끝에서 약 10센티미터 지점(양면에서 똑같은 거리)에 놓는다. 나무 막대는 그림에 나타난 것처럼 나무판의 중심을 향해 기울어지게 놓는다. 굳는 동안 단단히 눌러 잘 붙인다.

4 6월 중순에 해시계를 원하는 자리에 설치한다. 6월 중순은 낮이 길어 이른 아침이나 늦은 오후에도 눈금을 매길 수 있고, 해가 정오에 정확히 남쪽에 있으므로(지구의 공전 궤도가 타원형인 까닭에 일 년 중 어느 때나 이렇지는 않다. 〈400년 전, 케플러가 행성들의 운동을 방정식화하다〉를 볼 것) 실험에 적절하다.

5 미리 정해 둔 정남향의 판자 울타리나 벽에 해시계를 수직으로 설치한다. 먼저 벽에 드릴로 작은 구멍을 뚫어(이때는 어른의 도움을 받자) 갈고리를 걸거나 나사를 고정하는 것이 좋다.

6 여러분의 손목시계로 정확한 시간에, 아침 8시부터 저녁 8시까지, 나무판 위에 자를 대고 유성 펜으로 가느다란 선을 긋는다. 지침이 늘어뜨리는 그림자의 위치에 정확히 선을 그어야 한다. 시판 해시계보다 여러분이 관찰 장소에서 직접 눈금을 매기는 편이 더 정확하다.

> 물론 해시계의 열두 개 눈금을 같은 날 한꺼번에 그릴 필요는 없다.

7 각 선에 해당하는 시간을 표시한다. 서머타임 실시로 인해 여름과 겨울의 시간이 다르므로 '태양시'로 기재하는 것이 낫다. 여러분의 손목시계에서 두 시간을 빼면 된다.

> 태양시는 **실시간**이라고도 하며, 하루 중 태양이 하늘 어디쯤 있는지를 기준으로 한다. 특히 태양이 가장 높은 하늘에 걸린 때를 태양의 정오라 한다.

역주 서울에서 손목시계가 12시 30분을 카리킬 때, 태양시는 12시이다.

8 눈금 열두 개가 전부 표시되면 해시계의 완성이다. 나무판을 무색 니스로 칠해 두면 비가 내려도 끄떡없다. 벽에서 해시계를 쉽게 떼어 낼 수 있으면 실내로 옮겼다가 꺼내 와 제자리에 거는 것도 괜찮다.

> 지구의 공전 궤도가 타원형이고, 편의상 개념을 단순화한 탓에 해시계로 얻은 시간은 여러분의 시계와 15분 이상 오차를 보일 수 있다.

04

3,000년 전

이집트인들이
변광성을 알아보다

빛의 밝기가 달라지는 별들이 윙크를 하다

별들이 반짝이는 것은 대개 대기요동으로 인해서이다. 이 현상과는 별개로, '변광성'이라 불리는 많은 별들이 스스로 빛의 밝기를 바꾸면서 우리에게 은밀히 윙크를 한다. 하지만 우리들의 시간 감각으로 보면 이 윙크는 며칠에서 길게는 몇 해에 걸친 것이다. 그렇기 때문에 인류는 오랜 세월 동안 아무것도 발견하지 못했다. 그런데 이집트인들이 밝기가 며칠을 주기로 규칙적으로 변하는 별을 발견했다. 바로 페르세우스자리의 이등성 알골이다.

16세기부터는 다른 변광성들도 차례로 발견되어, 오늘날 알려진 것은 1만 개 정도이다.

고대인들은 지구 주위를 각 행성이 동심원을 그리며 여러 겹으로 둘러싸고 있다고 생각했다. 그리고 이 여러 겹의 구체들 가운데 제일 바깥쪽에 붙박이별들의 천구가 있다고 믿었다.

고대 그리스인들이 상상했던 고

정 불변의 천구에서는 어떠한 변화나 움직임도 있을 수 없다고 여겼다. 그러므로 밤하늘에서 목격된 알골의 광도 변화는 좋은 눈길을 받지 못했다. 그 때문인지는 몰라도 알골에는 무서운 고대의 전설이 깃들어 있다. 이 별은 그리스 신화 속 괴물 그러니까 머리카락이 뱀이고 이 괴물을 직접 쳐다보면 누구나 돌로 변해 버렸다는 메두사의 눈으로 일컬어졌다. 어디로 보나 한결 차분한 관점으로 천체를 대했고, 알골의 밝기가 변화한다는 사실도 알아냈던 이집트인들은 달력에 '길일'을 표시했는데, 길일의 주기는 알골의 변광주기와 일치했다. 나중에 아랍인들은 이 별에 더없이 고약한 새 별명을 붙였다. '엘 굴', 즉 악마의 머리. 현재의 알골이라는 이름은 썩 반갑지 않은 이 별명에서 유래한다.

어째서 오랜 세월 동안 다른 변광성은 일체 주목을 받지 못했을까? 실은 알골이 가장 관측이 쉬웠다는 점을 무시할 수 없다. 알골은 밝게 빛나고, 광도의 변화도 눈에 잘 띈다. 게다가 하늘이 '고정 불변'이라는 생각이 변광성 연구를 북돋우지 않은 것도 사실이다. 하늘이 변화할 수 있다는 생각은 16세기에 이르러서야, 특히 티코 브라헤가 1572년 유명한 노바(새로운 별)를 발견한 덕에 인정되었다. 이때부터 천문학자들이 다른 변광성들을 발견하기 시작했다. 그 가운데 첫 변광성이 고래자리의 미라세티이다. 미라세티는

메두사

1596년, 티코 브라헤(1546-1601)의 제자 다비트 파브리치우스(1564-1617)가 발견했다. '미라'가 '멋지다'라는 뜻이니, 알골에 갖가지 고약한 별명을 붙였던 고대인들의 선입견이 16세기에는 먼 옛일이 되었음을 알 수 있다.

티코 브라헤

티코 브라헤는 역사상 가장 위대한 관측자 가운데 한 사람이었다. 그는 새로운 별과 혜성의 출현을 연구했고 행성들의 이동을 기록한 목록을 만들었다. 그의 연구와 관찰은 매우 정확했다. 티코 브라헤에 대해서는 〈400년 전, 케플러가 행성들의 운동을 방정식화하다〉에서 다시 알아보자.

1690년 요하네스 헤벨리우스가 묘사한 페르세우스자리

변광성은 시간에 따라 별의 밝기가 변하는 별이다. 변광성은 최대치 광도와 최저치 광도 사이에서 진동한다. 밝기 변화가 규칙적일 때, 연속적인 두 최대치 혹은 두 최저치 사이의 시간 간격을 '주기'라고 한다. 빨리 변화하는 별들은 대개 광도 차이가 미약하다. 반면 광도 차이가 뚜렷한 별들은 몇 백 일에 걸쳐 변한다. 그러니까 변광성을 알아보려면 눈을 아주 크게 떠야 한다.

알골과 미라세티가 발견된 이래 1만여 개의 변광성이 발견되었다. 규칙적으로 광도가 변하는 변광성도 있고, 한결 불안정하게 변덕을 부리는 변광성도 있다. 규칙적이건 아니건 이런 광도 변화는 별 자체에 원인이 있거나 외부 요인(일반적으로 덜 빛나는 다른 별) 때문이다. 변광성의 발견 순서에 따라 몇 개의 큰 부류를 살펴보자.

최초로 관측된 변광성인 알골은(비록 고대에는 빛의 광도가 변화하는 이유를 전혀 몰랐지만) 이른바 '식변광성'의 원형이다. 식변광성은 대개 며칠에 걸쳐 광도가 바뀌고, 변화의 폭은 약 1등급이다(〈2,200년 전, 히파르코스가 별들을 밝기에 따라 분류하다〉를 볼 것). 1782년 천문학자 존 구드릭(1764-1786)은 다음과 같이 설명했다. 별의 광도가 낮아지는(이것을 '식'이라 한다) 원인은 보이지 않는 친구(이를테면 덜 빛나는 다른 별)가 접근해 원래의 별을 감추기 때문이라는 것이다. 이를테면 알골은 쌍성이고, 이 쌍성의 궤도면이 지구에 있는 관측자의 시선 방향을 향하고 있을 뿐이라는 소리다. 그 증거는 분광학을 이용해 확인할 수 있다(〈200년 전, 프라운호퍼가 분광학을 개발하다〉를 볼 것).

한편 별 자체의 크기 변화로 인해 광도가 변화하는 별도 매

광도의 세기

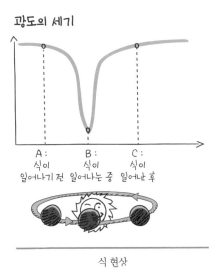

A:
식이
일어나기 전

B:
식이
일어나는 중

C:
식이
일어난 후

식 현상

예측 불가능하고, 일정한 주기가 없는 변광성도 있다. 이를테면 쌍성이 그렇다. 쌍성을 이루는 두 별은 매우 가까이 붙어 있어 각각의 물질을 서로 맞바꾸기도 하고, 그 결과 갑작스런 광도 변화를 일으킨다. 한편 썩 크지 않은 일부 별들은 폭발하기 쉬운 경향이 있다. 이것들은 단 몇 분 사이에 광도가 확 올라갔다가 마치 아무 일도 없었던 것처럼 원래의 밝기로 되돌아간다. 이것을 폭발형 변광성이라 한다.

우 많다. 미라세티가 그렇다. 붉은색의 이 나이 든 별은 존속을 위해 부풀었다 줄어들기를 반복한다. 별이 팽창하면 차가워지고 그 결과 밝기가 흐려진다. 그러면 다시 뜨거워지기 위해 수축하고, 밝기를 되찾는다. 완전한 주기는 332일이다. 광도의 폭은 대단히 크다. 미라세티가 제일 빛날 때 광도는 약 3.5로, 몇 주에 걸쳐 맨눈으로 볼 수 있다. 광도가 가장 낮을 때는 9까지 떨어져 천체망원경이 있어야 관측할 수 있다. 미라세티처럼 차가운 나이든 별들 즉 살아남기 위해 천천히 맥동하는 별을 '미라형 변광성'이라 한다. 30억 년쯤 후 태양도 나이가 들면 이 부류의 변광성이 될 것이다.

광도는 밤하늘에서 별의 밝기를 나타낸다. 광도가 클수록 밝기는 약하다(〈2,200년 전 히파르코스가 별들을 밝기에 의해 분류하다〉를 볼 것).

더 작고 더 밝은 별

더 크고 덜 밝은 별

미라세티 같은 변광성은 크기와 더불어 밝기도 변화한다.

변광성의 주요 유형

부류	대표적 예	관련된 별의 성질
식변광성	알골	가까운 두 별 중 하나가 다른 하나 앞을 지나간다
장주기 변광성 (100일 이상)	미라세티	적색 초거성
중간 주기 변광성 (며칠)	세페우스자리 δ	노란색 초거성
단주기 변광성 (하루 이하)	거문고자리 RR별	매우 규칙적인 거성

실험

변광성을 관찰하자

관찰하기 쉬운 변광성은 드물다. 빛의 밝기가 변화하는 변광성을 관측하는 흥미로운 이 실험의 최고 후보는 단연 3,000년 전부터 알려진 알골이다. 어 쨌거나 인내심이 필요한 이 실험에 일찍이 도전한 천문학자는 그리 많지 않 았다. 하지만 끈기를 발휘하면 여러분은 마침내 발견의 기쁨을 맛볼 것이다.

준비물

- 이 책에 실린 지도(알골과 그 기준별 두 개의 위치를 알아내기 위해서)
- 시야가 트인 곳. 만일 근시라면 안경을 쓰고, 쌍안경을 사용하는 것도 괜찮다.
- 인터넷을 검색해 알골의 광도가 최저치가 되는 때를 미리 알아 두자.

1 페르세우스자리에 속하는 알골은 한 해 중 대부분의 시기, 그러니까 7월에 서 이듬해 4월까지 보인다. 카시오페이아자리(프랑스의 밤하늘에서는 결 코 지평선 너머로 사라지지 않는 별자리다)에서 시작해 알골의 위치를 파 악하자. 카시오페이아자리는 잘 알려진 대로 더블유(W) 모양을 찾으면 되 고, 언제나 북쪽 부근에 있다. 아래 그림을 보면서 밤하늘을 관찰해 보자.

2 보통 때 광도가 2.1이고 최저치는 3.4까지 변하는 알골의 광도를 가늠하려면 먼저 두 개의 기준별을 찾아내야 한다. 하나는 γ 안드로메다이다. 이것은 실제로 알골의 최대치와 같은 밝기를 지닌다. 또 하나는 알골 바로 밑에 있는 ρ 페르세우스로, 알골의 최저치 광도와 비슷하다.

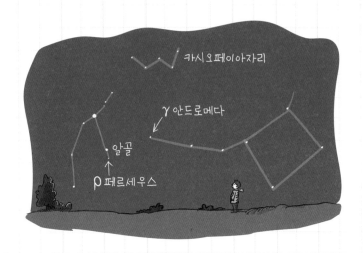

3 알골과 두 기준별의 밝기를 잘 비교하며 관측하자. 만일 이 밝기가 γ 안드로메다의 밝기와 맞먹는다면 식이 일어나지 않는 상태이다(〈알고 넘어가야 할 과학 지식〉을 참고할 것). 밤이 더 깊은 후나 다른 날 밤에 다시 살펴보자.

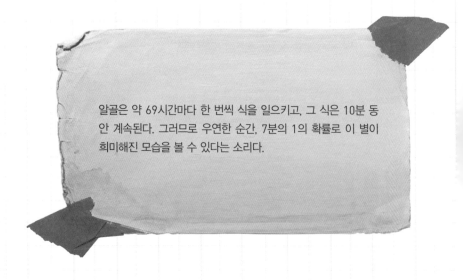

알골은 약 69시간마다 한 번씩 식을 일으키고, 그 식은 10분 동안 계속된다. 그러므로 우연한 순간, 7분의 1의 확률로 이 별이 희미해진 모습을 볼 수 있다는 소리다.

4 식이 일어날 때 알골은 5시간에 걸쳐 점차 밝기를 잃는다. 최저치 광도에 도달하면 다시 5시간에 걸쳐 원래의 밝기를 되찾는다. 여러분이 관측할 때 알골의 밝기가 γ 안드로메다와 ρ 페르세우스의 중간쯤에 해당한다면 마침 식이 일어나는 중이다.

이 말은 좀 수고스럽겠지만 몇 시간 후 다시 관측해야 한다는 소리다. 더 밝아졌는지 더 희미해졌는지 확인해야 하니까.

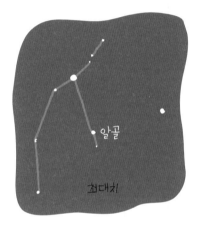

최대치

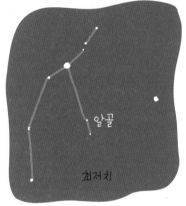

최저치

5 알골의 밝기 변화를 놀라운 마음으로 관찰하는 일도 분명 즐거울 것이다. 하지만 우연에만 맡기는 게 싫다면 천체력 사이트를 검색해 알골이 언제 최저치 광도에 도달하는지 미리 알아 두자. 변광성의 현 상태와 다음번 최저치 광도를 일러 주는 신뢰할 만한 홈페이지는 다음 주소로 검색해 보자. http://olravet.fr/Algol/algol.php

천체력(종이 달력도 있고 인터넷에서도 검색할 수 있다)에는 별들의 위치, 곧 다가올 놓칠 수 없는 천체 현상들이 기재되어 있다.

05

그리스인들이 행성에 이름을 지어 주다

신들의 자리로 올라간 행성들

먼 옛날부터 고대인들은 붙박이별들이 가득 차 있는 천구에서 이동하는 몇 개의 천체를 특별히 중요하게 여겼다. 그리스인들은 이것들을 행성(그리스어 '플라노스'는 '떠돌아다니는'이라는 뜻이다)이라 불렀다. 이 독특한 천체는 전부 다섯 개였다. 기원전 4세기, 그리스 신화 속 신들의 이름이 이 행성들에 붙여졌다. 수성(메르쿠리우스), 금성(비너스), 화성(마르스), 목성(주피터), 토성(사투르누스)의 존재가 플라톤(기원전 427-347)이 살던 시대에 이미 알려져 있었다는 소리다. 고대인들은 하늘에서 고유 운동을 하는 달과 태양도 때때로 행성이라 불렀다. 우주의 중심에서 움직이지 않는 지구만 오직 행성이 아니라고 여겼던 것이다.

행성들의 이름은 요일에도 드러난다. 달, 화성, 수성, 목성, 금성, 토성이 각각 월요일, 화요일, 수요일, 목요일, 금요일, 토요일이 되었다.

그리스어였던 행성들의 이름이 기원전 1세기쯤 라틴어로 번역된 것은 특히 키케로(기원전 106-43)의 공로였다. 이 라틴어 이름들이 오늘날 우리에게 전해졌다.

행성의 이름은 대충 지어진 것이 아니었다. 수성에는 신들의 메신저이자 도둑들의 보호자인 메르쿠리우스(그리스 신화의 헤르메스)라는 이름이 붙여졌다. 하늘에서 빨리 움직이고 관측하기가 쉽지 않은 수성의 특성 때문에 이런 이름이 붙었으리라 짐작된다. 금성에는 사랑과 미의 여신인 비너스(그리스 신화의 아프로디테)의 이름이 붙었다. 깨끗하고 강렬한 흰 빛을 내뿜는 금성이 특별히 아름다운 행성이란 점에서 납득할 만한 이름이다. 반면 화성의 붉은색은 전장에서 쏟은 피를 연상시킨다. 그 때문인지 이 붉은색 행성은 전쟁의 신(로마 신화의 마르스, 그리스 신화의 아레스)을 기리는 이름을 얻었다. 한편 태양계에서 가장 거대한 행성인 목성에는 신들의 신인 주피터(그리스 신화의 제우스)의 이름이 붙었다. 마지막으로 토성은 시간의 수호자인 사투르누스(그리스 신화의 크로노스)라 불렸다. 지구에서 멀리 떨어진 궤도 위를 느리게 움직이는 이 행성에 걸맞은 이름이다.

많은 그리스 과학자들이 달, 태양, 그리고 맨눈으로 볼 수 있는 행성들이 우주의 중심인 지구 주위를 돈다고 생각했다. 르네상스 시대의 왼쪽 그림은 이른바 '지구중심설'을 나타낸다.

알고 넘어가야 할 과학 지식

그리스 과학자들은 행성들이 하늘에서 어떻게 움직이는지 이미 잘 알고 있었다. 하지만 이들은 이 떠돌이별들이 지구 주위를 돈다고 믿었다. 그런데 코페르니쿠스(〈500년 전, 코페르니쿠스가 태양중심설을 내세우다〉를 볼 것) 이래 지구를 포함해 이 행성들이 태양 주위를 돈다는 사실이 알려졌다. 또 태양은 행성이 아니라 별이고, 달이 지구의 자연 위성이란 사실도 알려졌다.

맨눈으로는 볼 수 없는 행성 천왕성(우라누스)과 해왕성(넵투누스)은 천체망원경이 발명된 이후에 발견되었다. 우라누스(그리스 신화의 우라노스)는 하늘의 신, 넵투누스(그리스 신화의 포세이돈)는 바다와 폭풍우의 신이다. 1930년에 발견된 명왕성(플루토)은 2006년, 태양계의 훨씬 먼 곳에 있는 비슷한 별들이 점점 더 많이 발견되면서 행성의 자격을 잃고 왜성으로 분류되었다.

당연한 이야기지만, 고대 그리스인들이 행성의 특질과 기원을 전혀 몰랐던 반면 오늘날 우리는 비교적 정확히 알고 있다. 태양과 태양의 행성들은 약 45억 년 전, 은하(원시성운이라고도 불린다)의 먼지와 가스 구름 일부가 중력 작용으로 인해 수축할 때 태어났다. 구름의 가장 커다란 부분이 태양이 되고, 아주 작은 부분들은 원반 형태로 남았다. 이 가스와 먼지 덩어리 원반으로부터 태양계의 다른 모든 물질들(행성과 그 위성은 물론이고 소행성과 혜성까지)이 만들어졌다.

젊은 태양 주변의 온도는 매우 높았기 때문에 암석 물질들 즉 수성, 금성, 지구, 화성 같은 '지구형 행성'만 살아남았다. 화성 너머의 지대에서는 많은 자갈들이 응결되지 못함으로써 결과적으로 '소행성대'가 생겨났다.

그런데 태양에서 더 멀어질수록 상당히 차가운 온도가 지배했으므로 이 일대에서 형성되던 물질은 암석보다 얼음을 더 많이 포함했다. 그 가운데 일부 물질이 갑자기 무거워지면서 중력으로 주변의 가스를 잡아당겼다. 이 가스의 성분은 대부분 우주에서 가장 풍부하고 가장 가벼운 수소와 헬륨이었다. 이리하여 목성, 토성, 천왕성, 해왕성 같은 거대 행성이 생겨났다.

가스 행성이라 불리기는 해도 이 행성들의 중심핵은 매우 단단하다. 물론 중심핵을 둘러싸는 가스의 총량은 어마어마하게 많다.

오늘날 우리가 알고 있는 태양계. 각 행성의 크기는 올바른 비율로 그려졌지만 태양까지의 거리는 그렇지 않다.

실험

화성의 이동을 관찰하자

행성의 운동을 관찰하는 일은 붙박이별을 관찰하는 일보다 훨씬 놀라운 경험이다. 더욱이 약간의 인내심만 있으면 된다. 그러니까 이 실험은 맨눈으로 보이는 다섯 개 행성이 대상이다. 그런데 가장 움직임이 빠른 수성과 금성은 태양과 가까이 있기 때문에 특히 석양과 새벽에 빛난다. 다시 말해 하늘에 별이 거의 없을 때 나타난다는 소리다. 지구, 화성, 목성, 토성처럼 태양에서 더 멀리 떨어진 행성들은 밤새도록 빛을 내니까 한결 괜찮은 후보다. 하지만 멀리 떨어져 있는 만큼 움직임이 느리고, 따라서 관측하는 데 더 많은 인내심이 필요하다. 결국, 별들 앞에서 움직이는 행성을 관측하기에 제일 훌륭한 후보는 화성이다. 그러니까 이 실험에서는 화성에 주목해 보자.

준비물

- 화성이 잘 보이는 시기가 언제인지 미리 확인하자(실험 코너 마지막의 목록을 볼 것)
- 손전등(밤에 그림을 그릴 수 있을 정도의 약한 불빛이면 된다)
- 흰 종이 몇 장과 연필
- 그림 그릴 때 받침대가 되어 줄 만한 물건(탁자도 좋고 표지가 딱딱한 그림책도 좋다)

1 실험 코너 맨 뒤에 실린 표에서 화성이 잘 보이는 다음번 시기를 알아보자.

2 이 시기에 화성은 밤새 보인다. 강렬한 오렌지색 덕분에 비교적 쉽게 알아볼 수 있다.

3 화성을 발견하면 거기서 썩 멀지 않은 곳에 있는 별들을 관찰하자. 특히 두 별을 기준으로 화성의 위치를 확인하는 것이 좋다. 물론 이 두 별이 어느 별자리에 속하는지를 알 필요까지는 없다. 알면 더 만족스럽기는 하겠지만.

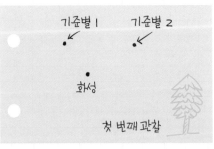

화성인지 아닌지 자신이 없으면 인터넷에서 무료로 이용할 수 있는 스텔라리움(http://www.stellarium.org/) 같은 소프트웨어를 활용하자.

4 두 기준별과 비교해 화성의 위치를 최대한 정확하게 그린다.

5 이번에는 기준별의 위치를 최대한 정확하게 그린다.

6 약 2주일 후(정확한 날짜는 중요하지 않다) 한 번 더 똑같은 방식으로 관찰해 화성의 위치를 표시하자. 집에 돌아가 두 그림을 비교하자(이를테면 두 장을 겹쳐 본다). 두 기준별에 비해 화성이 틀림없이 움직였음을 확인할 수 있을 것이다.

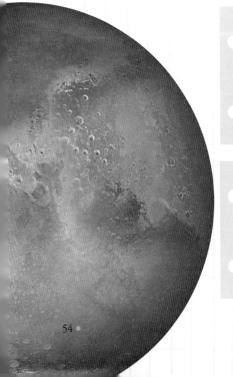

7 두 번 이상 도면을 작성해 하늘에서 화성이 그리는 놀라운 궤도를 추적하는 것도 좋다. 그러자면 관측이 몇 주씩 걸리거나, 특히 관측에 좋은 계절이라면 몇 달 걸릴 수도 있다. 그 결과 화성이 하늘에서 일종의 고리 모양을 그린다는 사실을 알게 될 것이다. 17세기에 이르러서야 독일 천문학자 요하네스 케플러(〈400년 전, 케플러가 행성들의 운동을 방정식화하다〉를 볼 것)가 이 궤도를 제대로 이해했다.

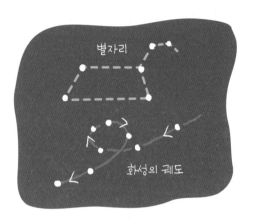

8 행성들의 궤도를 어느 정도 알게 되었다면 다음 목표는 목성이다. 목성은 화성과 비슷하되 더 느리고 덜 커다란 움직임을 보여 준다.

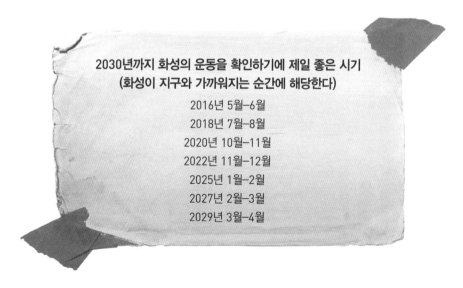

2030년까지 화성의 운동을 확인하기에 제일 좋은 시기
(화성이 지구와 가까워지는 순간에 해당한다)

2016년 5월-6월
2018년 7월-8월
2020년 10월-11월
2022년 11월-12월
2025년 1월-2월
2027년 2월-3월
2029년 3월-4월

06

아리스토텔레스가 지구가 둥글다고 주장하다

왜 지구는 평평하지 않은가

오랜 세월 동안 고대인들은 지구가 평평한 원반이라 생각했다. 사실 지구가 둥글다는 증거가 될 만한 현상은 거의 없었다. 사막이나 대양 한복판에서 주변에 펼쳐진 끝없는 지평선과 수평선을 보면 지구가 평평하고 거대한 땅이라고 생각할 수밖에 없었다.

그런데도 기원전 몇 세기 전부터 지구가 둥글다고 생각한 과학자들이 있었다.

피타고라스(기원전 580-500)는 지구가 둥글 것이라 추측한 최초의 과학자들 가운데 한 명이다. 플라톤(기원전 427-347)도 지구가 둥글다고 믿었다. 하지만 플라톤은 지구가 우주 한복판에서 움직이지 않으며 매우 크다고 잘못 생각했다.

지구가 둥글 것이란 추측을 뒷받침하는 최초의 구체적 논거를 내놓고, 결정적으로 이 가설을 받아들인 이는(적어도 당대 학자들과 사상가들 가운데서) 플라톤의 제자 아리스토텔레스(기원전 384-322)였다. 아리스토텔레스는 월식을 근거로, 달에 비치는 지구의 그림자가 둥근 것으로 보아 지구도 둥글다고 생각했다. 다음번 월식 때 여러분도 직접 이 눈부신 증거를 확인해 보자(바로 뒤에 나오는 실험을 볼 것). 또한 아리스토텔레스는 남쪽으로 긴 여행을 떠났다가, 남쪽 지평선 위로 새로운 별들이 뜨고 그 사이 북쪽 지평선 너머로 다른 별들이 지는 것을 알아챘다. 지구가 평평하다면 이런 현상은 일어나지 않을 터였다. 아리스토텔레스는 한발 더 나아가 〈천체에 관하여〉라는 저서에서 지구의 크기를 추산했다. 하지만 믿을 만한 측정 방법이 없었던 탓에 에라토스테네스(〈2,200년 전, 에라토스테네스가 지구의 원주를 측정하다〉를 볼 것)와는 달리 두 배나 큰 수치를 내놓았다.

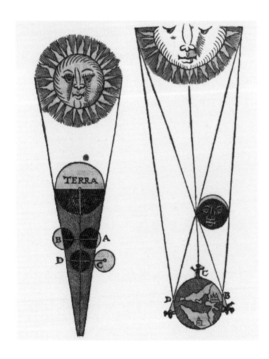

아리스토텔레스는 월식을 관측하면서 지구가 둥글 것이란 가설을 내놓았다. 그런데 플라톤과 마찬가지로 그도 지구가 움직이지 않으며 우주의 중심에 있다고 살못 생각했다.

아리스토텔레스로부터 얼마 지나지 않아, 에라토스테네스(기원전 276-194)가 지구는 둥글다는 생각을 굳히고 지구의 원주도 정확하게 측정했다. 그의 유명한 실험에 대해서는 나중에 살펴보기로 하자(〈2,200년 전, 에라토스테네스가 지구의 원주를 측정하다〉를 볼 것). 하지만 눈에 보이는 것만 믿는 사람들에게 지구가 둥글다는 가장 확실한 증거는 지구를 한 바퀴 돌아 제자리로 돌아올 수 있다는 사실뿐이었다. 그런데 고대의 항해술로는 이런 일은 생각조차 할 수 없었다. 이 모험을 처음으로 실현한 이가 포루투갈 항해사 페르디난 드 마젤란 (1480-1521)이다. 탐험은 1519년부터 1522년까지 3년간 이어졌다. 마젤란은 여행 도중 원주민의 독화살에 맞아 목숨을 잃는 바람에 최초의 세계 일주를 완수하지 못했다. 탐험대원 237명 가운데 살아 돌아온 이들은 겨우 18명이었다. 후안 세바스티앙 엘카노 지휘관과 함께 귀환한 이 사내들이 지구를 정말로 한 바퀴 돌 수 있다는 사실을 처음으로 증명했다.

페르디난 드 마젤란

　오늘날 우리는 지구가 완벽하게 둥글지는 않다는 사실을 잘 알고 있다. 지구의 자전으로 인해 극지방은 평평하다(이 점은 에라토스테네스의 지구 원주 측정에 대해 이야기하면서 다시 살펴보자). 그리고 최근 인공위성의 레이더

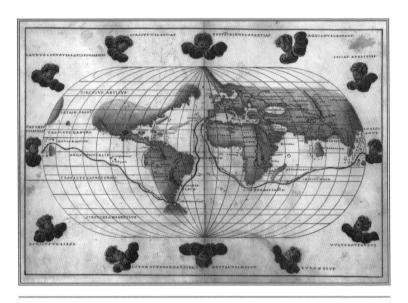

최초의 세계 일주라 할 수 있는 마젤란의 탐험 여정

측정으로 지구의 표면이 울퉁불퉁하고 살짝 찌부러져 있다는 사실도 알게 되었다. 실제에 가까운 지구의 이런 모양을 지오이드라 한다.

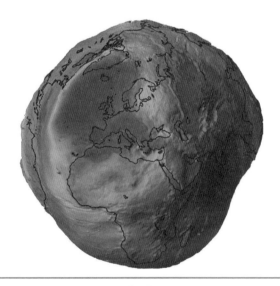

지오이드

실험

난이도 ★

월식 때 지구의 둥근 그림자를 관찰하자

아리스토텔레스는 두 가지 관찰을 근거로 지구가 둥글다는 가설을 굳혔다. 첫째, 북쪽이나 남쪽으로 여행할 때 밤하늘의 별들의 높이가 달라진다. 둘째, 달에 비치는 지구의 그림자가 둥글다. 이제 여러분이 둘 중 하나를 실험으로 확인해 보자. 그런데 프랑스 북부와 남부에서 제각각 별들의 높이가 다른 것을 직접 확인하려면 수백 킬로미터를 이동해야 한다. 하지만 월식이라면 이야기가 더 간단해진다. 앞으로 몇 년 동안 월식이 몇 차례 있을 테니, 굳이 여행을 떠나지 말고 월식 쪽으로 관심을 돌려 보자. 그럼 흥미로운 실험을 시작하자.

준비물

- 다음번 월식 예측 날짜(아래의 표를 참조하거나 우체국 달력을 볼 것)
- 있어도 되고 없어도 되는 것 : 쌍안경(아리스토텔레스는 쌍안경 없이도 월식을 관측했지만, 어쨌든 쌍안경이 있으면 관측이 한결 수월하다)

2016년에서 2020년 사이의 월식 :
날짜, 유형, 시작 시간과 끝나는 시간(손목시계 기준)
2017년 8월 7일, 부분월식, 19시 23분 시작, 21시 18분 종료
2018년 7월 27일, 개기월식, 20시 24분 시작, 00시 19분 종료

대한민국에서 일어날 월식(참고: 천문우주지식정보 홈페이지)
2017년 8월 8일, 부분월식 19시 16분 시작, 04시 18분 종료
2018년 7월 28일, 개기월식, 04시 30분 시작, 06시 13분 종료
2021년 5월 26일, 개기월식, 18시 45분 시작, 20시 26분 종료

① 표에 적힌 다음번 월식 날짜를 잘 기억해 두자.

역주 대한민국에서 관찰되는 월식 날짜는 천문우주지식정보 홈페이지(http://astro.kasi.re.kr)에서 알 수 있다.

② 당일이 되면 보름달 위로 뚜렷하게 드러나는 그림자에 주의를 집중하자. 월식이 시작된 직후에는 오른쪽에 아주 작게 깊이 팬 부분만 보일 것이다. 이 그림자가 조금씩 변화하기를 기다리자. 월식이 시작되고 15분이 지나면 달 표면의 낮밤의 경계가 둥그런 것을 확인할 수 있다. 2,000년 전 아리스토텔레스가 지구가 둥글다고 생각한 것도 바로 이 순간이다. 단순한 관찰이 커다란 과학 발전의 출발점이 된 순간이다.

③ 부분월식이라면 식이 진행되는 내내 지구 그림자의 둥그런 가장자리를 볼 수 있다.

④ 개기월식이라면 식이 시작될 때와 끝날 때만 지구 그림자의 형태를 볼 수 있다. 그러므로 식이 한창 진행될 동안은 느긋하게 적동색 달빛을 감상하자. 이 적동색은 지구의 대기를 가로질러 달까지 도달한 태양빛이 새어 나와 만들어 낸 빛깔이다.

5 시력이 좋은 사람이라면 지구 그림자의 만곡과 달 가장자리의 만곡을 비교해 볼 수도 있다. 단 쉽지는 않은 일인데, 그것은 달 표면에 비해 지구 그림자는 일부분만 보이기 때문이다. 어쨌거나 여러분은 지구 그림자가 달의 가장자리보다 완만한 곡선을 이룬다는 사실을 알아챌 것이다. 원반이 클수록 그 가장자리가 완만하므로, 이 현상은 지구의 그림자 다시 말해 지구의 크기가 달보다 훨씬 큰 사실을 의미한다.

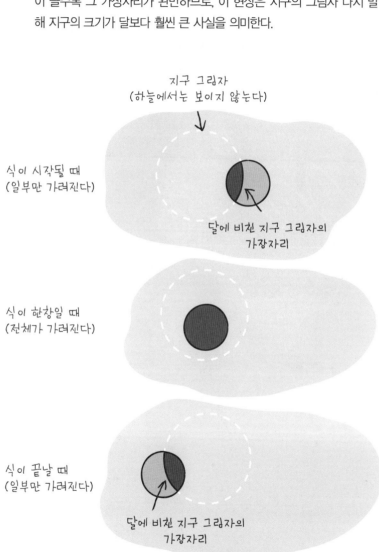

지구 그림자
(하늘에서는 보이지 않는다)

식이 시작될 때
(일부만 가려진다)

달에 비친 지구 그림자의
가장자리

식이 한창일 때
(전체가 가려진다)

식이 끝날 때
(일부만 가려진다)

달에 비친 지구 그림자의
가장자리

07

2,300년 전

헤라클레이데스가 지구가 도는 것을 발견하다

지구는 스스로 돈다

잠시 책장을 덮고 가만히 눈을 감아 보자. 스스로 돌면서 시속 1,500킬로미터로 나아가는 행성에 여러분이 있다는 사실이 느껴지는가? 전혀 아닐 것이다. 바로 이 때문에 대부분의 그리스 사상가들은 지구가 돈다는 생각을 단호히 반박했다. 그런데도 지구가 돈다고 믿은 사람들이 있었고, 헤라클레이데스도 그 가운데 한 명이었다.

지구가 스스로 돈다고 생각하게 만든 중요한 징후는 하늘의 별들이 순환한다는 사실이었다. 실제로 태양, 달, 행성들과 별들은 하늘을 동쪽에서 서쪽으로 커다랗게 가로질렀다.

이 천체들이 완전히 일주하는 데는 약 스물네 시간이 걸린다. 그런데 이 현상을 설명하는 데는 두 가지 가설이 있다. 첫째, 많은 그리스 철학자들의 생각처럼, 움직이지 않는 지구 주위를 천구가 돈다. 둘째, 별들이 뿌려진 밤하늘을 움직이게 만드는 원인은 지구의 자전이다.

헤라클레이데스 폰티코스(기원전 388-315)는 당시에는 근거가 없다고 여겨졌던 두 번째 가설을 오히려 지지했다. 그는 별들의 순환이 지구가 자전축을 중심으로 자전하는 결과라고 생각했다. 이 축을 연장하면 양극에 닿는데, 극지방은 유일하게 하늘이 움직이지 않는 장소였다. 이런 관점을 지녔던 헤라클레이데스는 진정으로 통찰력 있는 인물이었다. 하지만 그는 지구가 정말로 자전한다면 그 영향을 피부로 느껴야 한다고 믿던 동시대 사람들을 납득시키지는 못했다.

뿐만 아니라 헤라클레이데스는 새벽과 석양 무렵의 수성과 금성이 보여 주는 흥미로운 궤도를 이 행성들이 태양 주위를 돈다는 사실을 통해 설명했다. 이 또한 정확한 설명이었다. 그런데도 헤라클레이데스는 태양, 그리고 태양계의 다른 행성들이 지구 주위를 돈다는 생각에서는 벗어나지 못했다.

헤라클레이데스의 이른바 '지구—태양중심설'은 훗날 티코 브라헤라는 천문학자가 이어받는다. 헤라클레이데스의 이론은 이보다 얼마 후 아리스타르코스(기원전 310–230)가 내놓은 태양중심설의 태양계에 비하면 분명히 현실과 동떨어진 모델이었다. 하지만 우주의 중심에 지구가 있고 그 지구는 움직이지 않는다는 생각에 비하면 한 발 진보한 이론이었다.

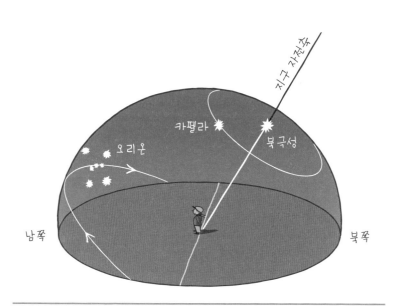

지구의 자전으로 인해 모든 천체는 하늘을 동쪽에서 서쪽으로 가로지른다.
유일하게 움직이지 않는 별은 지구 자전축을 연장한 선상에 있는 북극성뿐이다.

지구가 돈다는 주장에 반박할 수 없는 증거를 얻기는 매우 힘들다. 아폴로 계획의 우주비행사들처럼 달에 직접 가야만 아름답고 푸른 지구가 돌고 있는 광경을 목격할 수 있을 테니까 말이다. 그렇다면 어떻게 해야 할까? 17세기에 영국 과학자 아이작 뉴턴(1642-1727)이 지구 자전의 논리적 결과들 가운데 하나를 실증해 보자고 제안했다. 즉 지구의 극지방은 평평하리란 사실이다. 지구의 다양한 지점에서 이루어진 탐사가 실제로 극지방이 평평하다는 사실을 훌륭히 증명했다. 하지만 의심 많은 사람들은 이런 관측이 너무 간접적 증거이며, 지구의 양극이 평평한 이유는 따로 있을 가능성도 있다고 여겼다.

지구 자전의 반박할 수 없는 증거를 내놓은 이는 19세기 중반 프랑스 물리학자 레옹 푸코(1819-1868)였다. 푸코는 파리의 팡테옹 천장에 67미터 길이의 강철 끈을 늘어뜨리고 그 끝에 28킬로그램의 청동 추를 매달았다. 세차게 튕겨진 청동 추는 모래판 위에서 진동했다. 그리고 한 번 진동할 때마다 청동 추 밑에 달린 송곳이 모래판 위에 자국을 표시했다. 구경꾼들은 모래판 위의 자국이 조금씩 이동하는 모습을 확인했다. 지구가 움직이지 않는다면 이렇게 될 이유가 없었다. 발명자의 이름을 따 이 장치를 '푸코의 추'라고 한다.

푸코의 추는 파리의 '예술과 직업 박물관'에 전시되어 있다. 놀라운 기구이니 기회가 되면 꼭 가 보자. 추 앞에 15분만 서 있으면 지구 자전의 효과로 인해 추가 움직인 자국이 계속 변하는 광경을 목격할 것이다.

레옹 푸코는 팡테옹에서 추를 이용해 지구 자전의 영향을 증명했다.

파리의 팡테옹에서 있었던 푸코의 추 실험

실험

큰곰자리의 이동을 관찰하자

지구 자전축을 북반구의 하늘을 향해 연장한 선상에 자리 잡은 북극성은 하늘에서 움직이지 않는 유일한 천체이다. 여러분이 이 별을 찾아낼 수 있을까? 그리고 지구 자전으로 인해 북쪽 하늘에서 큰 원을 그리며 이동하는 주변의 별들을 관찰할 수 있을까? 살짝 현기증이 날지도 모르지만 한번 도전해 보자.

준비물

- 탁 트인 북쪽 지평선
- 이 실험 코너에 실린 천체도
- 시계
- 있어도 되고 없어도 되는 것 : 손전등(밤에 그림을 그릴 수 있을 정도의 약한 불빛이면 된다), 흰 종이와 연필, 그림 그릴 때 받침대가 될 만한 물건(예를 들어 표지가 딱딱한 그림책 따위)

① 날씨만 좋으면 언제라도 괜찮다. 밤이 되면 북쪽 하늘이 훤히 트인 곳에 자리를 잡자.

주의!
바닥에 자갈 따위를 올려놓아 여러분의 위치를 정확히 표시하자.

70 •

2 큰곰자리를 찾아보자. 늘 북쪽 하늘에 있는 이 별자리는 지평선 너머로 절대 사라지지 않는다(이 별자리에 있는 별을 '주극성'이라고 한다). 각 계절별로 자정 무렵에 북쪽 지평선 위에 나타나는 위치를 그린 아래 그림을 참조하자.

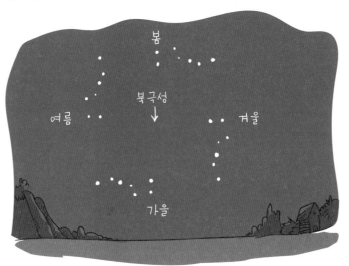

3 큰곰자리의 주요 일곱 별인 북두칠성은 손잡이 달린 냄비 혹은 국자처럼 보여 쉽게 찾을 수 있다. 손잡이 반대편에 있는, 냄비의 우묵한 부분의 별 두 개를 찾아보자. 이 별들 사이를 다섯 배 연장해 보자. 그러면 특별히 빛나지는 않아도 비교적 알아보기 쉬운 별에 닿을 것이다. 이것이 북극성이다.

4 혹 인공조명으로 인한 빛 공해가 큰 지역이라면 북극성을 제대로 보지 못할 수도 있다. 특히 안개가 도시의 인공조명을 퍼뜨리는 밤에는 그렇다. 이때는 하늘이 더 맑은 날을 기다리자(바람이 조금 불거나 비가 온 뒤가 좋다).

5 이로써 여러분은 큰곰자리와 북극성을 동시에 찾아냈다. 이제 지구 자전의 결과, 즉 북쪽 하늘에서 별들이 순환하는 모습만 확인하면 된다.

6 큰곰자리와 북극성의 위치를 지평선과 비교해 정확히 표시하자. 여러분의 손목시계를 기준으로 시간도 적어 두자. 물론 관찰 그림도 그려 보자.

두 시간쯤은 사실 많이 기다리는 것도 아니다. 겨울이라면 해가 일찍 지니까 밤잠을 설치지 않아도 이처럼 시간 간격이 큰 두 번의 관측이 가능하다(이를테면 한 번은 19시, 또 한 번은 23시).

7 따뜻한 곳으로 돌아가 최대한 오랫동안 기다린다.

8 다시 밖으로 나가 조금 전의 관측 장소로 돌아가자. 북극성은 꿈쩍도 하지 않은 데 반해 북두칠성은 북극성 주위를 조금 돌아간 모습이 보일 것이다. 북반구의 하늘에 있는 다른 별들도 마찬가지이다.

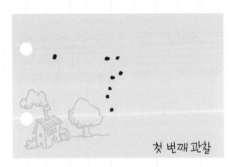

첫 번째 관찰

두 번째 관찰

9 그림을 그려 보면 큰곰자리가 북극성 주위를 완전히 한 바퀴 도는 시간을 간단히 확인할 수 있다. 이를 위해 두 번의 관찰 결과를 같은 그림 위에 표시하자. 두 번의 관찰 결과 각각의 그림에서 북극성과 북두칠성 가운데 하나(아무 별이나 괜찮다)를 골라 둘 사이에 선을 긋는다. 북극성을 각도기 한가운데 놓고 두 선 사이의 각도를 읽자.

원둘레(360도)와 이 각도 사이의 비는 한 번 일주하는 시간과 여러분의 두 관찰 간격 사이의 비와 똑같다. 확인은 여러분이 직접 해 보자.

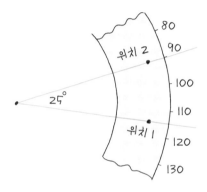

그럼 남반구에서는?

남반구의 관찰자들 머리 위에는 당연히 천구의 남극 하늘이 펼쳐져 있다. 천구의 남극은 위치를 잡기가 좀 어려운데, 천구의 북극과는 달리 표시점이 되는 별이 없기 때문이다. 잘 알려진 남십자자리를 이용하는 것이 제일 간단한 방법이다. 십자가의 긴 부분을 남쪽으로 다섯 배 연장하면 거의 천구의 남극에 닿는다.

08

2,300년 전

피테아스가 지구의 기울기를 측정하다

지구는 궤도면에 대해 기울어져 있다

피테아스(기원전 350-285)는 오늘날 알려진 가장 선구적 탐험가들 가운데 한 사람이다. 그리스인들이 아무도 지중해를 벗어날 생각을 하지 못한 시대에 피테아스는 극지방까지 모험을 떠났다. 머나먼 극지방에서 하지 때 태양이 저물지 않는 원인이 지구가 기울어진 탓이라고 그는 믿었다. 하지만 그가 관찰한 사실을 확인하러 간 당대 사람들은 한 명도 없었고, 그 결과 그의 주장은 진지하게 받아들여지지 못했다.

하늘에 뜬 태양의 고도가 계절마다 다른 걸로 보아 지구는 궤도면에 대해 기울어져 있다고 최초로 생각한 이는 피테아스였다. 이 기울기를 측정하기 위해 그는 그노몬(〈3,000년 전 이집트인들이 해시계를 발명하다〉를 볼 것)을 이용했다. 하지(태양이 일 년 중 가장 높이 뜨는 때)와 춘분이나 추분(태양이 천구적도와 황도가 만나는 점을 지나가는 때) 때 태양의 각도차가 지구의 기울기와 일치하리란 것이 그의 생각이었다.

피테아스의 추론은 옳았고(여기서는 일단 이것을 인정하는 데 만족하자) 그가 얻어 낸 값도 정확했다. 피테아스는 동시에 마르세유의 위도도 정확하게 측정했다.

너무 추워!

피테아스는 소아시아 포카이아의 마살리아에서 태어난 그리스 과학자다.
그리스의 식민지였던 마살리아는 오늘날 마르세유다. 마르세유의 상공회의소로 쓰이는
부르스 궁전 정면에는 피테아스의 조각상이 서 있다.

피테아스는 학식도 풍부했지만 대담한 모험가였다. 문명사회가 지중해 너머로는 발을 내딛지 않던 시대에 그는 대서양 한복판까지 모험을 감행했다. 그는 무역을 구실로 아주 먼 북쪽, 빙산이 있는 곳까지 항해했다. 항해의 진짜 목적은 어떤 위도 이상의 지역 이른바 '극권' 지역에서 하지 때 해가 저물지 않는 사실을 확인하는 일이었다. 결국 피테아스는 북쪽 지평선에서 밤이 깊도록 해가 저물지 않는 백야 현상을 최초로 관찰했다. 목적을 달성하고 그리스로 돌아온 피테아스는 빙산처럼 차가운 대접을 받았다. 그는 위선 60도 이상 지역(대략 스코틀랜드에 해당한다)에도 사람들이 살고 있다고 열심히 설명했다. 하지만 당대 학자들은 위선 45도(프랑스 중부 지역에 해당한다) 너머에서는 사람이 살 수 없다고 막무가내로 주장했다. 얼어붙은 바다를 보았다는 그의 주장은 받아들여지지 않았고, 위대한 이 탐험가는 거짓말쟁이 취급을 받았다.

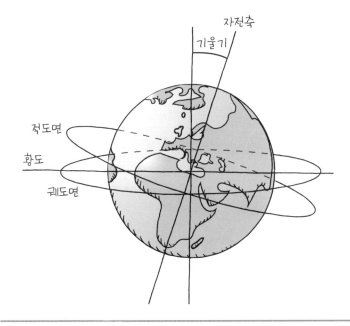

지구의 기울기는 적도면과 궤도(황도라 불림) 사이의 각도차를 낳는다.
피테아스는 이 각도를 정확하게 측정했다.

알고 넘어가야 할 과학 지식

지구 궤도(또는 황도)에 수직인 축과 지구 자전축이 이루는 각도를 '지구 자전축 기울기'라고 한다. 이 각도는 약 23도이다. 지구가 이만큼 기울어져 있는 까닭에 하늘에서 태양의 고도는 지구가 궤도의 어디쯤 있느냐에 따라 일 년 동안 변한다. 태양의 고도 변화는 결과적으로 낮의 길이를 변화시키고 프랑스, 일본, 한국 같은 온대 지역에서 계절의 변화를 불러온다. 태양이 남쪽 하늘의 높은 곳을 지날 때 한낮은 길고 기온이 올라간다. 이것이 여름이다. 반대로 태양이 지평선 낮은 쪽에 머무르면 춥고 낮이 짧다. 이것이 겨울이다.

> 계절의 변화는 온대 지역의 풍경을 아름답게 만든다. 봄에는 꽃이 피고, 여름에는 보리가 익고, 가을에는 숲이 황금색으로 물들고, 겨울에는 때때로 눈이 내려 은세계가 된다.

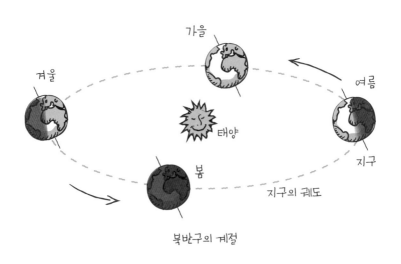

북반구의 계절

계절의 변화는 지구가 궤도면에 대해 기울어져 있기 때문에 생기는 중요한 결과이다.

우리가 쓰는 그레고리력(기독교 달력)은 한 해의 평균 기간이 계절의 순환과 최대한 잘 맞게 되어 있다. 그래서 세차(천체의 작용에 의하여 지구 자전축의 방향이 조금씩 변하는 현상-역주)에도 불구하고 6월은 언제나 여름, 12월은 언제나 겨울일 것이다. 하지만 세차는 각 계절별로 관찰할 수 있는 별자리들을 천천히 옮긴다. 약 1만 년 후에는 현재는 여름 별자리인 전갈자리가 겨울에 보이고, 현재는 겨울 별자리인 오리온자리가 여름에 보일 것이다.

일 년을 통한 낮밤의 길이는 극지방으로 갈수록 차이가 커진다. 극권에서는 여름에는 밤이 되지 않고 겨울에는 낮이 되지 않는다. 반면 적도 근처에서는 낮과 밤이 거의 일정하고 계절이 없다. 계절은 북반구와 남반구에서 반대이다. 북반구의 여름은 남반구의 겨울, 북반구의 겨울은 남반구의 여름이다.

오늘날 북반구에서는 지구의 자전축이 북극성을 향해 뻗어 있다. 하지만 이 상태가 영원히 유지되지는 않을 것이다. 지구는 팽이처럼 천천히 돌고 있고, 그 결과 몇 세기가 흐른 후에는 이 자전축의 방향이 변한다. 이것이 '세차' 현상인데, 피테아스가 지구의 기울기를 측정하고 얼마 후 히파르코스가 발견했다 (〈2,200년 전 히파르코스가 별들을 밝기에 의해 분류하다〉를 볼 것).
이 세차 운동으로 인해 피테아스와 히파르코스 시대에는 북극의 하늘을 가리키는 별이 하나도 없었다. 1만 2,000년 후에는 거문고자리의 빛나는 별 베가가 오늘날의 북극성 역할을 하게 될 것이다.

실험

지구의 기울기를 측정하자

피테아스처럼 여러분도 막대(그노몬)가 늘어뜨린 그림자로 지구의 기울기를 측정할 수 있다. 이 실험에는 약간의 치밀함과 인내심이 필요하다. 석 달 간격으로 두 번 측정해야 하기 때문이다. 한 번은 춘분 그러니까 태양이 천구적도에 있을 때이고, 또 한 번은 하지 즉 태양이 천구적도에서 가장 멀리 있을 때이다. 두 그림자 길이의 차이가 지구의 기울기를 가늠하게 해 준다. 여러분이 복잡한 계산을 최대한 피할 수 있도록 이 책에서는 필요한 요소를 전부 제공할 것이다. 사실 이 실험에는 운도 약간 따라 줘야 한다. 석 달 간격으로 두 번 다 날씨가 좋아야 하니까. 그럼 마음속으로 날씨가 좋기를 빌면서 실험에 도전해 보자.

준비물

- 최소 1미터 이상의 나무 막대 혹은 금속 막대
- 줄자
- 공책과 연필

1 최소 1미터의 단단한 나무 막대나 금속 막대를 준비한다.

2 정오의 태양이 잘 보이는 탁 트인 장소를 확보하자. 마당이나 정원이 좋다.

③ 춘분(3월 20일)이 되기를 기다리자. 첫 측정은 춘분 전후인 3월 18일과 22일 사이를 이용해도 괜찮다.

④ 이 시기가 되면 준비한 막대를 땅에 단단히 설치한다. 막대는 석 달 동안 단 1밀리미터도 움직이지 않고 그 자리에 있어야 한다. 바닥부터 막대 끝까지 높이를 줄자로 정확히 측정하자 (이것을 'h막대기'라 표시하자).

> 혹 판자 울타리 같은 것이 이미 있는 장소라면 굳이 실험용 막대를 따로 준비할 필요가 없다. 정오 무렵 울타리의 나무판자가 땅에 드리운 그림자 길이를 재기만 하면 된다.

⑤ 12시 45분부터 약 5분 간격으로, 막대가 늘어뜨린 그림자 길이를 줄자로 잰다. 그림자가 가장 짧을 때 측정을 멈추고 그 길이를 공책에 기록한다(이것을 'l춘분'이라 표시하자). 이런 식으로 실험을 진행하는 이유는 여러분이 있는 장소에 따라 태양이 가장 높이 걸리는 시각이 조금씩 다르기 때문이다.

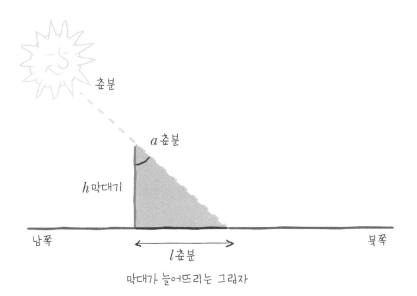

막대가 늘어뜨리는 그림자

6 하지 무렵(6월 16일에서 24일 사이)에 다시 측정하자. 전과 똑같은 방법이지만 이번에는 서머타임 때문에 13시 45분부터 측정해야 한다. 만일 지구가 궤도면에 대해 기울어지지 않았다면 태양의 고도는 일 년 내내 똑같고, 그림자 길이가 변할 이유도 없다. 그런데 여러분은 그림자가 춘분 때보다 짧아졌음을 확인할 것이다(이것을 'l하지'라고 표시하자).

역주 서울에서는 태양시로 정오인 오후 12시 30분에 해야 한다.

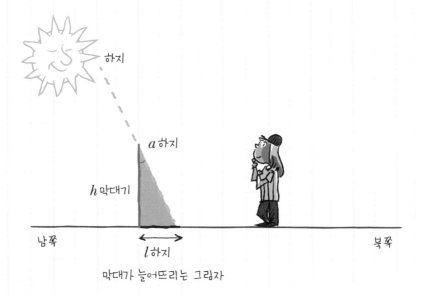

막대가 늘어뜨리는 그림자

7 이제 그림자 길이를 막대기 높이로 나누자. 물론 춘분과 하지 두 번의 측정 결과를 다 계산한다. 이 비율을 l춘분/h막대기(춘분 때의 측정), 그리고 l하지/h막대기(하지 때의 측정)라 기록하자.

8 이로써 태양의 방향과 막대기 사이의 각도를 얻을 수 있다. 이 각도를 춘분일 때 'a춘분', 하지일 때 'a하지'라 표시하자. 여러분이 복잡한 계산을 하지 않아도 되도록 그림자 길이별 각도를 오른쪽에 표로 만들어 두었으니 참고하라.

9 이제 지구의 기울기를 추산할 수 있다. 피테아스가 제시했던 것처럼 춘분 때와 하지 때 각도의 차이가 지구의 기울기다. 즉 a춘분 $-a$하지.

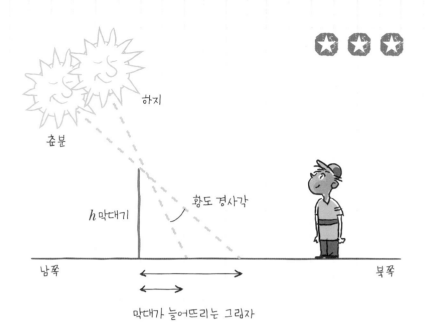

하지

춘분

황도 경사각

h 막대기

남쪽

북쪽

막대가 늘어뜨리는 그림자

⑩ 구체적 예를 알고 싶으면 아래 설명을 읽어 보자. 막대기 높이를 1미터(높이 100센티미터)로 계산했을 때의 경우이다.

춘분 때 얻은 그림자가 93센티미터라 하자. 그러면 l춘분/h막대기의 비는 93/100, 즉 0.93이다. 그 결과 a춘분 = 43도

하지 때 얻은 그림자가 40센티미터라 하자. 그러면 l하지/h막대기의 비는 40/100, 즉 0.40이다. 그 결과 a하지 = 22도

43도–22도=21도. 이렇게 뺄셈으로 지구자전축의 기울기를 계산할 수 있다. 물론 이 측정 결과가 최상은 아니다. 여러분만의 진짜 수치를 얻기 위해 도전해 보자.

각도의 값

l춘분/h막대기	춘분 때의 각도 (a춘분)	l하지/h막대기	하지 때의 각도 (a하지)
0.93	43°	0.36	20°
0.96	44°	0.38	21°
1	45°	0.40	22°
1.03	46°	0.42	23°
1.07	47°	0.44	24°
1.11	48°	0.47	25°
1.15	49°	0.49	26°

09

2,200년 전

에라토스테네스가
지구의 원주를 측정하다

지구의 크기를 처음으로 믿을 만하게 측정하다

에라토스테네스는 기원전 276년 큐레네(현재의 리비아)에서 태어났다. 이집트의 알렉산드리아로 옮겨가 살다가 그곳에서 기원전 194년 세상을 떠났다. 이 정열적인 인물은 눈이 멀어 더는 별을 볼 수 없게 되자 스스로 굶어 죽은 것으로 알려졌다. 모든 분야에서 탁월한 천재였고, 천문학자이고 지리학자이며 철학가이자 수학자였던 에라토스테네스는 알렉산드리아 도서관 관장이었고, 장차 파라오가 될 프톨레마이오스 4세의 가정교사이기도 했다.

에라토스테네스가 지구의 원주를 측정할 방법을 궁리할 당시는 그리스 사상가들이 지구가 둥글다는 생각을 받아들이고 시간이 꽤 흐른 뒤였다.

반면 지구의 크기는 여전히 불확실했고 때때로 너무 크게 추산되는 경향이 있었다.

에라토스테네스

지구의 크기를 추산하기 위해 에라토스테네스는 훌륭한 생각을 해냈다. 이집트 남부의 시에네라는 도시에서는 하지 때 정오의 태양빛이 우물 바닥까지 완전히 밝힌다는 소문이 그의 귀에 들어왔다. 하짓날 태양이 하늘의 가장 높은 곳에 걸릴 때 시에네에는 그림자가 없다는 소리였다. 이 소문에 자신감이 생긴 에라토스테네스는 하짓날 정오가 되는 순간 자신이 사는 알렉산드리아의 오벨리스크(고대 이집트에서 태양 신앙의 상징으로 세운 끝이 뾰족한 돌기둥-역주)가 늘어뜨린 그림자를 측정했다. 그리고 이 그림자의 길이를 이용해

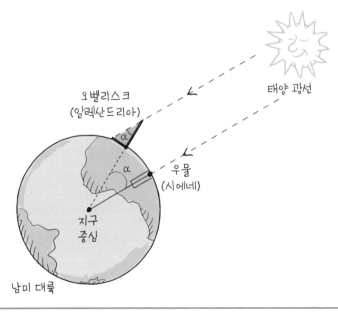

에라토스테네스는 하지 때 알렉산드리아의 오벨리스크가 늘어뜨리는 그림자를 재는 간단한 실험으로 지구 중심으로부터 알렉산드리아와 시에네가 이루는 각도(그림에서 a)를 알아냈다.

태양 광선과 오벨리스크가
그리는 수직선이 이루는 각
도를 구했다. 그 결과 7.2도
즉 원둘레(360도)의 50분의 1
이란 사실을 알아냈다. 같은
시각 태양은 시에네로부터 수

에라토스테네스의 실험보다 150년 앞서
아리스토텔레스는 지구의 원주가 8만 킬로
미터라고 추산했다. 이것은 실제 수치의 두
배였다(〈2,300년 전 아리스토텔레스가 지
구가 둥글다고 주장하다〉를 볼 것).

직선상에 있으므로 이 각도는 지구 중심으로부터
시에네와 알렉산드리아 사이의 각도와 똑같다.
에라토스테네스는 시에네와 알렉산드리아
사이의 거리가 지구 원주의 50분의 1에 해
당한다고 결론지었다.

지구의 원주를 얻어 내려면 이제 마지
막 난관만 남아 있었다. 시에네와 알렉
산드리아 사이의 거리를 측정하는 일이
었다. 자동차도 킬로미터 측정기도 없
던 시대였으므로 거리는 낙타가 걸어
서 이동한 시간으로 알아내야 했다.
에라토스테네스가 일을 맡긴 측량
가는 이 거리가 당시의 측정 단위로
5,000스타드, 약 800킬로미터라는
것을 알아냈다. 그러니까 지구의 둘
레는 25만 스타드, 약 4만 킬로미
터로 추산되었다. 이것은 실제 수
치와 매우 가까웠다.

에라토스테네스는 운이 좋았다. 그의 실험은 엄정했지만 사실 알렉산
드리아와 시에네 사이의 거리와 각도는 상당히 불완전한 방법으로 측
정되었다. 그런데도 그가 얻은 4만 킬로미터라는 수치는 정확한 지구
둘레의 근삿값이었다.

당시 지구는 완전한 구형이라 여겨졌다. 하지만 17세기 과학자들이
마침내 이 생각을 부정하게 되었다. 천문학자 카시니(1625-1712)는 목성
과 토성의 양극이 평평하다는 점에 주목했다. 그렇다면 지구라고 그러
지 말란 법이 있을까?

이런 생각은 크리스찬 호이겐스(1629-1695)나 아이작 뉴턴 같은 위대
한 과학자들의 머릿속에서도 싹텄다. 호이겐스는 원심력 개념을 이용
해, 뉴턴은 유명한 만유인력의 개념
을 이용해 각각 지구의 모양을
예측했다. 그리고 두 사람 모두
지구의 극권이 살짝 평평하다는
결론을 얻었다. 이 가설을 확인
하기 위해 극지방에 과학 탐사대
들이 파견되었다. 오늘날은 지구
의 원주가 적도를 따라 측정하
면 4만 75킬로미터인 반면 극권
을 지나가며 측정하면 '불과' 4만
7킬로미터란 것이 알려져 있다.

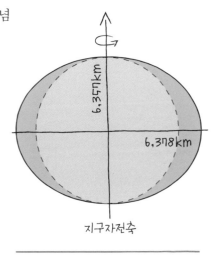

지구는 완전히 둥글지 않고
극권이 살짝 평평하다.

실험

난이도

지구의 크기를 추산해 보자

이 실험에서는 에라토스테네스와 똑같은 방식으로 지구의 원주를 추산해 보자. 프랑스는 시에네(현재의 아스완)와 똑같은 경선상에 있지 않으므로 하지 때 태양이 천정에 도달하는 다른 기준 도시를 골라야 한다. 이를테면 알제리 남부의 인구 10만 명의 도시 타만라세트가 좋겠다. 여러분이 사는 곳에서 타만라세트까지 정확한 거리를 알아야 하는데, 물론 측량사에게 도움을 요청할 필요는 없다. 타만라세트에서 파리까지는 2,900킬로미터이다. 혹 여러분이 프랑스 중부 지역에 산다면 2,600킬로미터, 남부 지역에 산다면 2,300킬로미터라고 보면 된다. 기본 자료들을 손에 넣었으면 이제 놀라운 실험을 시작해 보자.

준비물

- 정확히 1미터짜리 막대기
- 직각자
- 미터자 혹은 줄자
- 있어도 되고 없어도 되는 것 : 계산기

주의!

실험은 하지 때 해야 한다. 당일 날씨가 좋지 않을 수도 있으므로 약간의 오차는 각오해야 한다. 6월 10일에서 30일 사이에 측정할 수 있으면 괜찮다.

1 파리의 콩코르드 광장을 제외하고 오늘날 오벨리스크를 찾기는 힘들다. 다행히 막대기 하나만 있으면 충분하다. 똑바른 막대기를 준비해 정확히 1미터(이 점이 아주 중요하다) 길이로 자른다.

1m

2 서머타임 때문에 그림자 측정은 태양시로 정오인 오후 2시에 해야 한다.

역주 서울에서는 태양시로 정오인 오후 12시 30분에 해야 한다.

3 바닥이 평평한 곳을 선택하자. 베란다, 테라스, 모래나 자잘한 자갈이 깔린 오솔길도 괜찮다. 반면 잔디밭이나 큼직한 자갈이 깔린 길에서는 막대기가 늘어뜨리는 그림자를 정확하게 측정하기 어렵다.

4 막대기를 바닥과 수직으로 세운다. 막대기 높이가 정확히 1미터가 되어야 하므로, 막대기를 땅에 박으면 안 된다. 직각자를 써서 반드시 수직을 만들자.

5 태양시로 정오가 되면 측정을 시작하자. 타만라세트에서는 그 어떤 그림자도 볼 수 없는 바로 그 순간, 여러분이 설치한 막대기는 분명히 그림자를 늘어뜨린다. 줄자로 정확히 그림자를 측정하자. 이 작은 그림자에 지구 전체의 크기가 달려 있다는 사실을 잊지 말자.

두 사람이 함께 작업하면 편하다. 한 사람은 막대기가 정확히 수직이 되게 붙잡고, 다른 사람은 그림자 길이를 잰다.

6 이 그림자 길이로부터 수학적 계산을 통해 태양 광선과 막대기 사이의 각도를 추산할 수 있다. 그리고 이 각도는 곧 지구 중심으로부터 여러분이 사는 도시와 타만라세트가 이루는 각도와 똑같다. 귀찮은 계산을 피하기 위해 이 책에서는 결과표를 준비했다. 표에서 여러분이 직접 측정한 것과 제일 가까운 그림자 길이에 해당하는 각도를 고르면 된다.

막대기

그림자

파리

마르세유

알제

타만라세트

7 계산이 편하도록 이 책에서는 각도가 아닌 분수로 제시했다. 지구의 원주가 360도에 해당하므로 이제 여러분의 도시와 타만라세트 사이의 거리를 이 표에 제시한 분수로 나누면 지구의 크기를 얻을 수 있다. 여러분이 얻은 결과가 4만 킬로미터에 가까울수록 성공적인 실험이라고 보면 된다.

막대기의 그림자별로 추산한 여러분의 도시와 타만라세트 사이의 각도치

그림자 길이(센티미터)	각도를 분수로 바꾼 값
34	1/18
36	1/17
38	1/16
40	1/15
43	1/14
46	1/13

10

2,200년 전

히파르코스가
천체의 식을 예측하다

일식과 월식은 되풀이된다

히파르코스(기원전 190-120)는 고대 천문학자들 가운데서도 특히 위대한 인물로 손꼽힌다. 천문학뿐 아니라 수학과 지리학에도 영향을 준 그의 저작물은 아쉽게도 오늘날 남아 있지 않다. 다행히 훗날 프톨레마이오스가 히파르코스의 연구에 대해 설명을 남긴 덕분에 많은 부분이 우리에게 알려졌다. 히파르코스는 특히 달과 태양의 운동에 관한 정확한 연구를 토대로 천체의 식을 예측하는 믿을 만한 방법을 발전시켰다.

식에는 크게 일식과 월식이 있다. 일식은 달이 태양을 가릴 때 생기는 현상으로, 삭이 나올 때, 한낮에 일어난다. 월식은 달이 지구의 그림자 앞을 지나갈 때 생기는 현상으로, 보름달이 나올 때, 밤에 일어난다. 고대로부터 인류는 이 현상들을 대개 흉조라 여겼고, 그래서 더욱 일식과 월식을 예측하려고 애썼다. 히파르코스는 처음으로 일식과 월식의 규칙성을 밝히고 예측하는 데 성공했다.

히파르코스

세계적으로 한 해에 평균 두 번씩 일식과 월식을 관찰할 수 있다. 하지만 다 비슷한 것은 아니어서, 천체의 일부만 가려지는 부분식, 천체가 완전히 가려지는 개기식이 있다. 또 짧은 것도 있고 긴 것도 있다. 히파르코스는 한 번 식이 일어난 다음 정확히 18년 10일 8시간 후에 똑같은 현상이 되풀이된다는 사실을 알아냈다. 이것을 '사로스 주기'라고 한다. 이 규칙성을 찾아냄으로써 일식과 월식이 예측 가능해졌고, 더불어 인류의 막연한 두려움도 줄어들었다.

알고 넘어가야 할 과학 지식

개기일식은 지구의 매우 한정된 지역에서만 일어나며, 굉장한 장관이다. 몇 분(정말이지 고작 몇 분이다) 동안 달이 태양 표면을 정확히 가린다. 그 결과 한낮인데도 밤이 온 것처럼 별들이 나타나고 기온이 내려간다. 이 때가 우리 눈으로 태양대기를 볼 수 있는 유일한 순간이다. 달에 가려진 검은 태양 주위에 주름처럼 나타나는 빛나는 가스층을 코로나라고 한다.

개기월식은 조금 더 쉽게 볼 수 있다. 비교적 오랫동안 계속되고(대개 한 시간 이상) 때마침 밤이라면 남반구와 북반구 어디서나 볼 수 있다.

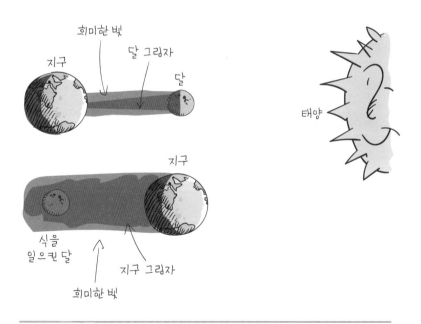

일식(위 그림)과 월식(아래 그림)의 원리. 두 경우 다 태양, 지구, 달이 일직선으로 늘어서 있다. 오른쪽에 보이는 태양은 실제로는 매우 멀리 있다.

개기월식 때 달은 완전히 사라지지는 않고 아름다운 적동색을 띤다. 이 빛깔은 지구대기를 통해 달을 향해 굴절된 태양빛에서 유래한다.

월식은 태양, 지구, 달이 완벽하게 한 줄로 늘어설 때만 일어난다. 그런데 지구 주위를 도는 달의 궤도가 황도면에 대해 기울어져 있기 때문에 이런 배치는 일 년에 평균 한두 번만 생긴다. 게다가 두 번의 식이 똑같은 형태로 똑같은 시간 동안 일어나려면 지구, 달, 그리고 태양 사이의 거리가 똑같아야 한다. 이런 요소들이 결합하여 만들어진 것이 사로스 주기이다. 일식이건 월식이건, 18년 10일 8시간이 지나면 거의 똑같은 상황에서 되풀이된다. 이 사실을 히파르코스는 제대로 알아냈다.

실험

일식이 언제 돌아올지 계산해 보자

프랑스에서 볼 수 있었던 가장 최근의 일식에 대해 들어 본 사람도 있고, 어쩌면 직접 본 사람도 있을 것이다. 1999년 8월 11일의 일식이다. 인류 역사상 가장 많은 사람들이 관측한 것으로 기억되는 이 1999년의 일식과 비슷한 다음번 일식이 언제, 어디서 일어날지 예측해 보자. 물론 히파르코스가 밝혀낸 사로스 주기를 이용하면 된다. 약간의 암산만 하면 되니까 뇌세포를 기분 좋게 자극해 보자.

준비물

- 여러분의 뇌세포
- 다음 페이지에 제시된 평면 구형도
- 혹 몇 가지 계산을 하고 싶다면 종이와 연필도 준비하자.

1 앞에서 제시한 사로스 주기를 토대로 1999년 8월 11일(세계시로 11시, 서머타임을 적용한 유럽 표준시로는 13시에 최대식에 도달했다)과 비슷한 다음번 일식이 언제일지 예측해 보자.

역주 아시아에서는 17시 26분부터 21시 40분까지 부분일식이 관측되었다.

2 사로스 주기의 8시간 시차로 인해 1999년 8월 11일과 비슷한 일식은 더 늦은 시각에 일어나리라 짐작된다. 지구가 일주하는 데 24시간이 걸린다. 그렇다면 8시간분의 일주를 분수로 나타내면 얼마일까?

3 유럽에 밤이 시작될 때 미국 대륙은 한낮이고 아시아는 한밤중이다. 그러면 이 일식은 다음번엔 어느 대륙에서 일어날까? 미국 대륙? 아니면 아시아?

4 1999년 8월 11일의 일식에 두 번의 사로스 주기를 보태면 2035년 9월 2일이다. 1999년 8월 11일의 일식에 비해 이제 16시간 시차가 벌어진다. 그러면 이 일식은 지구의 어느 지역에서 일어날까?

5 세 번의 사로스 주기가 지나면 마침내 시차의 합산은 하루(24시간)가 된다. 그러므로 일식은 똑같은 조건에서 관찰할 수 있고, 거의 똑같은 지역에서 일어날 것이다. 1999년의 일식과 비슷한 다음번 일식은 언제 일어나고, 유럽 어디에서 볼 수 있을까?

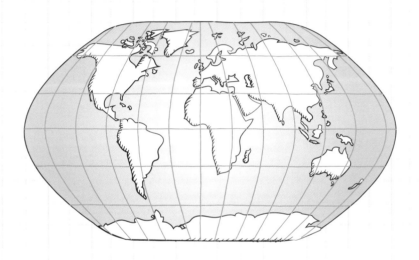

해답

1 사로스 주기가 18년 10일 8시간이므로 1999년 8월 11일과 비슷한 다음번 일식은 2017년 8월 21일에 일어날 것이다(최대식은 세계시로 19시경).

2 지구가 일주하는 데 24시간 걸린다. 8시간 동안 3분의 1바퀴를 도는 셈이므로 120도에 해당한다(전체 일주는 360도). 120도가 평면 구형도에서 수직선 네 칸의 눈금에 해당하는 데 주목하자.

3 2017년의 일식은 1999년의 일식보다 8시간 뒤에 일어난다. 유럽이 밤이 된 후라는 소리다. 이때 미국 대륙은 낮, 아시아는 밤이므로 2017년의 일식은 미국 대륙에서 일어날 것이다.

4 사로스 주기를 적용하면 2035년 9월 2일의 일식은 2017년 8월 21일의 일식보다 120도 서쪽 지점에서 자오선을 통과한다. 평면 구형도에서 눈금 네 칸분이 이동하는 셈이다. 이 눈금 속에 들어가는 지역은 태평양과 아시아의 동쪽이다.

역주 2035년 9월 2일의 일식은 대한민국, 중국, 일본, 태평양 등지에서 관찰이 가능하다.

5 질문 4에서 얻은 정보(이에 따르면 두 번의 사로스 주기를 적용하면 2035년 9월 2일의 일식이다)에서 출발하면 간단하다. 그러니까 여기에 사로스 주기를 한 번만 더 보태면 되는데, 그러면 2053년 9월 12일이다. 하지만 이 일식은 1999년 8월 11일의 일식보다 조금 더 남쪽에서 일어날 테니까 스페인 남부 지방을 스칠 것이다.

2017년의 일식

최대 2분 40초 지속되는 이 일식은 미국을 동쪽에서 서쪽으로 가로지를 것이다. 그러므로 일식을 볼 수 있는 후보지는 매우 많다. 문제는 기상 조건이다. 통계에 의하면 서부 해안 지역, 특히 오레곤 주의 마드라스라는 도시가 적당한 후보지이다. 이곳은 날씨가 좋을 확률이 60퍼센트라고 한다. 여러분도 이 일식을 직접 보고 싶으면 일찌감치 여행 계획을 짜는 게 좋다.

11

2,200년 전

히파르코스가 별들을
밝기에 따라 분류하다

별들의 등급

히파르코스는 기원전 2세기의 훌륭한 과학자로, 천문학 역사에서 중요한 역할을 했다. 앞에서 살펴본 것처럼 그는 특히 일식과 월식의 반복을 예측했다.

또한 히파르코스는 별들의 정확한 목록을 만들고, 별들을 밝기에 따라 분류한 최초의 인물이었다.

노바(새로운 별)를 발견한 이래 히파르코스는 혹시 다른 별들도 나타나거나 사라질 수 있는지 알아내려고 애썼다. 그는 850개가 넘는 별의 위치와 밝기를 조사해 방대한 목록을 만들었다.

아쉽게도 그의 저작은 오늘날 전해지지 않지만, 두 세기 후 프톨레마이오스에게 큰 영향을 주었다. 히파르코스는 별들의 밝기를 측정할 때 과거 연구자들이 남긴 일부 기록과 비교해 별들이 이동한 사실을 발견했다. '세차 운동'이라 불리는 이 현상은 지구가 몇 세기에 걸쳐 팽이처럼 도는 데서 비롯되는데, 이로 인해 우리가 보는 하늘의 모습이 변화한다(〈2,300년 전 피테아스가 지구의 기울기를 측정하다〉를 볼 것).

히파르코스는 별들의 위치를 담은 정확한 목록을 만들었을 뿐만 아니라 별들을 하늘에서 빛나는 밝기에 따라 분류했다. 그는 별의 밝기를 여섯 단계로 구분해 '등급'이라 불렀다. 이른바 1등성이 가장 밝은 별이고 2등성은 1등성에 비해 두 배 어둡다. 3등성은 1등성에 비해 네 배 어둡다. 이런 식으로 6등성까지 이어지는데, 6등성은 맨눈으로 알아볼 수 있는 가장 희미한 별이다. 오늘날은 '등급' 대신 '겉보기등급'이란 말을 쓰지만 원리는 똑같다.

천문관측의(그리스어 '아스트롤라보스'는 '별들의 높이를 측정하다'를 뜻한다)와 혼천의는 히파르코스가 천구에서 별의 운동을 알아내고 표시하기 위해 발명한 도구이다. 천문관측의는 별들을 평면에 나타내고, 일정한 장소에서만 유효하다. 반면 혼천의는 별들을 구체 위에 나타내고, 모든 위도상에서 사용할 수 있다.

천문관측의

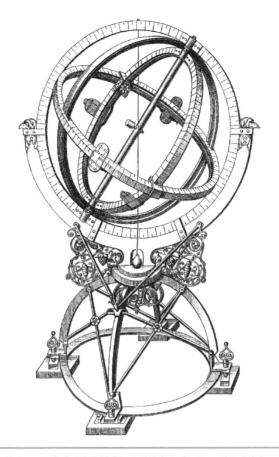

히파르코스가 발명한 혼천의는 오랫동안 측정 도구로 이용되었다.

19세기에 이르러 별들의 '등급'이 재점검되고 한결 정확히 정비되었다. 우선 1836년, 윌리엄 허셜(1738-1822, 〈230년 전, 허셜이 쌍성을 이해하다〉를 볼 것)의 아들 존 허셜(1792-1871)이 별들의 밝기를 직접 측정하는 도구를 개발했다. 이 장치로 별들의 밝기를 달과 비교할 수 있게 되었다. 뒤이어 영국 천문학자 노먼 로버트 포그슨(1829-1891)이 별들의 밝기를 방정식화했다. 포그슨은 각 등급의 밝기 차이가 히파르코스의 주장처럼 2배(광도 2)의 비율이 아니라 거의 정확히 2.5배라는 사실을 알아냈다. 이때부터 별의 등급은 '겉보기등급', 즉 관측자의 눈에 보이는 밝기를 의미하게 되었다.

겉보기등급은 별들의 거리에도 달려 있지만(별이 멀리 있을수록 희미하다) 별 자체의 밝기에도 달려 있다(이를테면 뜨거운 별이 차가운 별보다 더 밝게 빛난다). 천문학자들은 별들 사이의 실제 밝기를 비교하기 위해 **절대등급**이라는 개념을 만들어 냈다. 절대등급은 모든 별이 지구에서 32광년 떨어진 곳에 있다고 상정했을 때의 밝기이다. 태양의 절대등급은 겨우 +4.8인데, 태양이 거대한 별이 아니기 때문이다. 이 수치를 다른 별들과 비교하려면 실험 코너의 마지막을 참조하라.

겉보기등급에 따라 별들을 분류하려면 기준별이 필요하다. 거문고자리의 중심별 베가(직녀성)가 이 기준별이다. 베가는 정의상 정확히 0등급이다. 맨눈으로 볼 수 있는 가장 희미한 별은 6등성이다. 그런데 이런 밝기 범위에서 뚜렷이 벗어나는 별들도 있다. 대단히 밝은 일부 별들은 마이너스 등급을 지닌다. 행성들, 달과 태양, 그리고 밤하늘에서 가장 밝게 빛나는 시리우스 같은 몇몇 별이 여기 속한다. 6등성 이상의 별은 망원경을 통해서만 보이므로 히파르코스 시대에는 알려지지 않았다. 일반적인 아마추어용 망원경만 가지고도 맨눈으로 보이는 별보다 100배 이상 희미한 별(12등급에서 13등급)도 볼 수 있다. 허블우주망원경

허블우주망원경은 1990년 나사(NASA)가 쏘아 올린 이래 지구 주위의 궤도를 돌고 있다. 이 망원경의 주경은 직경 2.4미터이다. 지구대기 너머로부터 보내오는 영상들은 매우 선명하고, 아주 희미한 별들도 알아볼 수 있다.

은 맨눈으로 보이는 별보다 35억 배 희미한 30등성도 탐지할 수 있다.

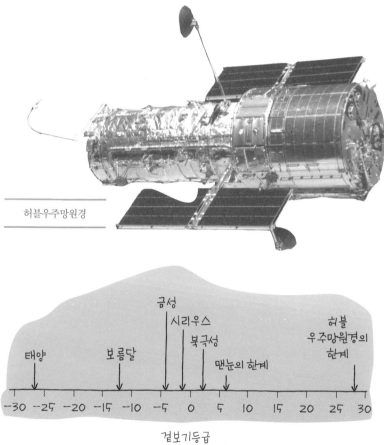

허블우주망원경

주요한 겉보기등급의 몇 가지 예

실험

세 별의 '등급'을 비교하자

히파르코스처럼 별들을 밝기에 따라 정확히 분류하기는 관측에 매우 익숙한 사람이 아니면 힘들다. 그러므로 이 책에서는 한결 쉽고 재미난 실험을 제안한다. 서로 다른 등급의 별 세 개를 차례로 관찰하면서 밝기를 확인해 보자. 첫 번째 대상은 밤하늘에서 가장 밝게 빛나는 시리우스이다. 두 번째가 오리온자리의 리겔. 아니면 오리온자리의 벨라트릭스도 좋다. 마지막이 에리다누스강자리의 별. 그러니까 리겔보다 더 위에 있고 한결 잘 보이지 않는 별이다. 세 별은 하늘에서 서로 가까이 있어 잇달아 관찰하기 쉽다. 여러분이 각 별을 발견할 때마다 등급을 일러 줄 테니 참고하라. 그럼 실험을 시작하자.

준비물

- 천체도
- 스웨터, 코트, 장갑, 모자, 목도리… 겨울밤은 춥다!

1 필요하다면 그림을 확인하면서 오리온자리를 찾아보자. 특히 이 별자리 한복판에 특색 있게 배열된 세 별을 눈여겨보자.

> 여러분이 관찰할 별들은 겨울 내내 잘 보인다. 하지만 너무 늦게 잠자리에 들고 싶지 않다면 2월의 방학 기간을 택해 실험하는 것이 좋다.

2 오리온자리에서 출발해 시리우스를 찾아보자. 시리우스는 더 왼쪽, 조금 아래에 있다. 시리우스는 매우 밝은 하얀 별로, 때때로 아주 강렬하게 빛난다. 찾았는가? 이 시리우스가 밤하늘에서 가장 빛나는 별이다. 시리우스의 등급은 −1.50이다. 기준별(0등급)과 비교하면 네 배 더 밝다.

❸ 오리온자리로 되돌아와 밝기의 차이를 확인해 보자. 오리온자리의 오른쪽 아래에서 리겔을 찾아보자. 이 별도 하얗고 강렬한 빛을 낸다. 리겔이 시리우스보다 더 희미한 것을 확인할 수 있는가? 리겔은 베가와 마찬가지로 0등급에 가까운 별로, 시리우스보다 네 배 희미하다.

남쪽 지평선

❹ 리겔보다 네 배 희미한 별이라면 밝기가 어느 정도일까? 벨라트릭스를 관찰하면 알 수 있다. 벨라트릭스는 오리온자리의 오른쪽 위에 있고, 등급은 1.5에 가깝다. 그러니까 리겔과 벨라트릭스 사이에도 광도 4의 격차가 있다.

❺ 실험을 더 하고 싶다면 마지막으로 리겔의 오른쪽 위에 있는 작은 별을 찾아보자. 이 별이 쿠르사이다(그림을 참조할 것). 거의 3등성으로, 벨라트릭스보다 네 배 희미하다는 소리다. 그리고 시리우스보다는 60배 희미한 셈이다.

이 별들의 절대등급은?

시리우스가 매우 밝게 보이는 것은 지구와 가까이 있기 때문이다(사실 시리우스는 지구에서 가장 가까운 별들 가운데 하나이다). 시리우스의 절대등급은 +1.5를 넘지 않는데, 이는 쿠르사와 비슷한 수준이다. 벨라트릭스의 절대등급은 −2.7이나 된다. 리겔은 우리 은하에서 가장 강렬히 빛나는 별들 가운데 하나로, 절대등급이 −6.7이다.

東溪村の人
にして宇は學究道
号を加亮先生とふ
陣法は孔明太公望よ
不劳陰謀は死蟲

12

2,000년 전

중국인들이
태양흑점을 관측하다

태양 표면의 어두운 얼룩

기원전 마지막 세기에 고대 그리스만 번창했던 것은 아니다. 지중해에서 멀리 떨어진, 중국과 일본과 한국을 중심으로 한 중화권도 그에 못지않은 발전의 시기였다.

한 번도 실현된 적이 없던 가장 오래된 천문학 관측들 가운데는 중국인들의 업적도 있다. 예를 들어 별똥별 관측(〈150년 전, 스카아파렐리가 별똥별의 기원을 이해하다〉를 볼 것), 혜성 관측(〈300년 전, 핼리가 혜성이 돌아오리라 예측하다〉를 볼 것), 그리고 여기서 다룰 태양흑점 관측 등이다.

오늘날 전해지는 가장 오래된 태양흑점 관측은 기원전 28년 중국에서 있었다. 태양은 너무 눈부시므로 평소에는 맨눈으로 관측할 수 없다. 아마 중국인들은 해가 질 무렵 혹은 고비 사막이나 타림 분지 등에서 불어오는 모래 폭풍 때문에 태양빛이 약해졌을 때 관측했으리라 짐작한다. 기원후 4세기 이래 유럽에서는 하늘에서 발견되는 어떠한 변화나 결함도 인정하지 않았다. 반면 중국에서는 태양에 드러난 얼룩들의 목록이 갈수록 규칙적이고 지속적으로 보완되고 있었다. 당대의 학자들은 먼 거리에 놓은 과일들과 비교해 그것들의 겉보기크기(각크기)도 쟀던 것 같다. 하지만 과학이 늘 존중받은 것은 아니었다. 태양흑점이 흉조라 믿는 사람들도 있었고, 따라서 이것을 보았다는 이유만으로 참수형에 처해진 중국인 점성가들도 있었다.

공자(기원전 551-479)는 고대 중국에서 가장 중요한 인물이다. 태양흑점을 발견하기 이전의 그의 저작물 가운데는 천문학 개론서도 있다. 여기서 천체 현상 특히 일식과 월식에 대한 기술을 찾아볼 수 있다. 이 내용은 공자가 세상을 떠나고 약 1,000년 후, 중국에 기독교를 전파하기 위해 최초의 예수회 선교사들이 파견된 16세기 말에야 라틴어로 번역되었다.

유럽인들은 이로부터 수 세기가 지난 후에야 태양흑점에 흥미를 품었다. 중세 유럽인들은 태양흑점을 철저히 무시하거나, 기껏해야 태양과 지구 사이에 놓인 대수롭지 않은 물질로 여겼다. 르네상스 시대에 마침내 서양 과학자들이 하늘의 변화에 눈을 떴다. 태양흑점에 대한 지식을 가장 발전시킨 인물은 갈릴레이(1564-1642)였다. 그는 태양 표면에서 흑점들이 회전하는 것을 망원경으로 확인함으로써 이것들이 태양에 속한다는 사실을 증명했다. 불행히도 이로 인해 갈릴레이는 결국 눈이 멀었다. 당시에는 제대로 된 태양 필터가 없었기 때문이다.

유럽에서 흑점의 평균 개수, 시간에 따른 개수의 변화 등을 규칙적으로 확인해 목록을 작성하기 시작한 것은 천체망원경의 발명(1610년) 이

후이다. 하지만 믿을 만하고 활용 가능한 결과를 얻은 것은 1750년부터로 보인다. 오늘날도 천문학자들은 계속해서 목록을 작성 중이다. 관측은 지구와 인공위성 양쪽에서 동시에 이루어진다. 중국인들이 태양흑점을 관측하고 2,000년이 흘렀지만 태양은 여전히 많은 비밀을 감추고 있다.

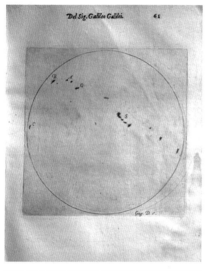

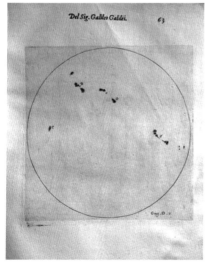

태양흑점을 최초로 목격한 이들은 중국인이다. 하지만 위의 그림을 그린 갈릴레이야말로 이 얼룩들이 태양에 속한다는 사실을 진정으로 이해한 인물이다.

알고 넘어가야 할 과학 지식

태양흑점을 규칙적으로 관측한 결과 태양이 약 27일을 주기로 스스로 돈다는 사실, 흑점이 끊임없이 생기고 사라지며 변화한다는 사실이 증명되었다. 흑점의 생존 기간은 일반적으로 몇 주일이다. 태양흑점들은 강력한 자기장이 태양 표면으로 올라오는 가스를 차단하는 지대에 생긴다. 이때 태양 표면 온도가 6,000도에서 4,500도로 내려가고, 이 온도 차로 인해 태양흑점이 주변보다 어둡게 보인다. 이 지대는 몇 만 킬로미터에 걸쳐 펼쳐지기도 하는데, 이는 지구 둘레보다 크지만 태양의 지름 140만 킬로미터에 비하면 크지 않은 편이다. 흑점은 종종 두 개가 쌍을 이루어 움직이는데, 이것들이 자기장의 '고리'와 대응되기 때문이다.

> **자기장**은 자석들이 서로 끌어당기는 힘의 원인이다. 자전하는 태양은 복잡한 물리적 현상에 의해 엄청난 자기장을 만들어 낸다. 지구도 자기장을 지니는데, 비록 태양보다 훨씬 약하기는 해도 나침반 바늘을 양극을 향해 일자로 만들기에는 충분하다.

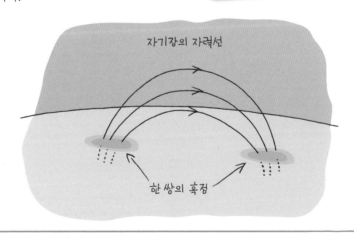

태양흑점은 태양자기장과 연관되어 있다.
태양흑점은 태양 내부에서 자기장이 빨려 들어가거나 솟아나오는 장소에 생긴다.

태양 표면에 드러난 흑점의 개수는 독일 천문학자 하인리히 슈바베(1789-1875)가 1840년에 증명한 것처럼 주기적으로 다양한 변화를 보인다. 활동 극대기에는 태양 표면에 흑점이 매우 많지만 극소기에는 아주 소량이다. 일단 개수가 최고치에 다다르면 다음번 최고치가 찾아올 때까지 11년이 걸린다. 태양대기도 이 주기에 따라 변화하는데, 이런 주기는 태양자기장의 규칙적인 변화 탓으로 여겨진다.

태양의 신상명세서
지름 : 139만 3,000킬로미터
　　　(지구의 109배)
질량 : 지구의 33만 배
나이 : 46억 년
중심부 온도 : 1,500만 도
표면 온도 : 6,000도
겉보기등급 : −2.7

오늘날 태양의 기능에 대해 많은 사실이 알려지기는 했지만 천문학자들은 주의 깊게 연구를 계속하고 있다. 하지만 태양자기장이 규칙적으로 방향을 바꾸는 이유, 태양의 극권에 흑점이 없는 이유 등은 여전히 밝혀지지 않았다.

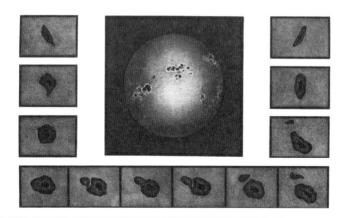

망원경으로 관측한 태양흑점(1868년)

실험

태양흑점을 관측하자

오늘날은 태양 광선을 완벽하게 걸러 내는 태양 필터가 있어 태양을 안전하게 관측할 수 있다. 태양 필터는 눈에 보이지 않지만 유해한 자외선이나 적외선도 걸러 낸다. 이 필터를 장착하면 작은 천체망원경으로도 태양흑점을 찾아내 관측할 수 있고, 태양의 자전도 확인할 수 있다. 사실 태양은 우리가 표면을 완벽하게 자세히 볼 수 있는 유일한 천체다. 그럼 안전한 관측을 시작해 보자.

준비물

- 최소 구경 40밀리미터인 천체망원경
- 경통형 태양 필터(사진용이 아닌 맨눈 관찰용만 가능하다)
- 저배율(20배×30배) 접안렌즈
- 중간 배율(50배×60배) 접안렌즈
- 흰 종이와 연필
- 그림을 그리기 위한 받침대

주의!
필터 없이는 태양을 보지 말라!

천문학용품 전문점에서 산 태양 필터를 사용하지 않은 채 맨눈이나 망원경으로 태양을 봐서는 절대 안 된다. 순식간에 망막에 화상을 입는데, 통증은 없지만 결과는 돌이킬 수 없다. 갈릴레이가 적절한 보호 도구 없이 태양을 관측한 탓에 눈이 멀었다는 사실을 기억하자. 반면 망원경 앞에 필터를 장착하면 아무리 오래 관측해도 위험하지 않다.

1 천문학용품 전문점에서 여러분의 망원경에 알맞은 태양 필터를 구입하자. 제일 안전하고 효율적인 모델은 망원경 앞에 직접 끼워서 쓰는, 광학렌즈로 만든 제품이다. 이것을 경통형 필터라고 한다. 잘라서 써야 하는 필름형 태양 필터는 질은 좋지만 곧바로 사용하기는 불편하다. 이 제품은 여러분 스스로 받침대를 만들어 끼워야 한다.

낱장 종이 타입의 태양 필터

받침대에 고정시킨 필터

2 제대로 관측하려면 시멘트 바닥 발코니나 테라스보다는 잔디밭이 좋다. 사실 태양빛은 시멘트를 달구어 영상을 뿌옇게 만드는 소용돌이를 일으킬 수 있다. 태양이 상당히 높게 올라갈 때까지 기다리자. 제일 좋은 순간은 대개 늦은 아침 시간이다.

3 도구가 제자리에 준비되면 먼저 태양 필터를 렌즈 앞에 꼼꼼하게 고정하자. 파인더는 절대 사용하면 안 된다. 막아 버리거나 예방 차원에서 아예 떼어 버리자.

4 태양은 절대 바라보지 말고 망원경을 태양을 향해 놓는다. 천체를 직접 관측하지 않고 도구를 이용해 바닥에 비친 그림자를 관측하는 일은 천문학에서는 드물다. 그림자가 최대한 작아질 때까지 망원경을 조절하자. 그림자가 제일 작아지면 조절이 정확히 완료된 것이다.

제자리에 끼워진 필터

커다란 그림자   제일 작아진 그림자

5 접안렌즈를 제일 저배율로 맞추고 관찰하자. 시야 어딘가에 태양이 들어올 것이다. 혹 그렇지 않다면 태양이 나타날 때까지 천천히 주변을 한번 훑자(물론 눈은 접안렌즈에 갖다 댄 채).

6 태양이 눈에 들어오면 태양표면 가장자리에 초점을 맞추자. 선명히 보여야 한다.

7 얼룩을 찾아보자. 빛나는 태양표면 위의 조그만 검은 점들을 찾으면 된다. 이때 태양의 모습을 그려 둔 다음 며칠 후 어떻게 변했는지 관측해 보자. 이것이 태양의 자전을 확인하는 가장 좋은 방법이다. 게다가 그 사이 얼룩들의 모습에도 변화가 생겼을지도 모른다.

태양은 예측 불가능하다는 점을 기억하자. 관측 때 얼룩이 보이지 않으면 며칠이나 몇 주 후 다시 도전하자. 틀림없이 태양흑점을 발견할 것이다.

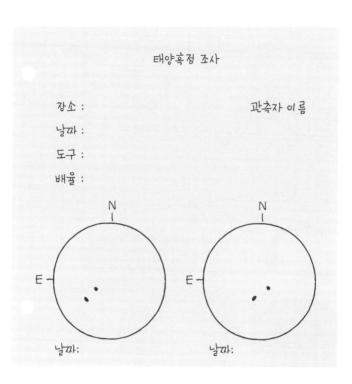

태양흑점 조사

장소 :   관측자 이름

날짜 :

도구 :

배율 :

날짜: 날짜:

8 관측이 끝나면 망원경을 태양과 다른 방향으로 돌리고, 태양 필터를 제거한다. 긁힘을 방지하기 위해 필터는 사용 후 항상 조심해서 상자에 보관하자.

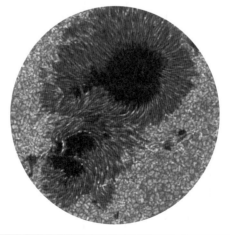

망원경으로 관측한 태양흑점

13

1,100년 전

알 수피가 안드로메다은하를 발견하다

맨눈으로 볼 수 있는 은하

중세 시대 내내 유럽의 천문학은 침체되어 있었다. 같은 시기 동양에서는 이슬람 학자들이 열심히 과학을 탐구했다. 그들은 수학을 발전시키고, 그리스인들과 로마인들이 남긴 천체도를 번역하고 더 훌륭히 다듬었다.

이 시기 가장 뛰어난 관측자로 손꼽히는 이가 903년 페르시아의 이스파한에서 태어나 986년 세상을 떠난 압둘라흐만 알 수피다.

알 수피는 안드로메다자리에서 '작은 구름'의 존재를 알아낸 최초의 인물이다. 이 구름이 실제로 무엇이었는지는 〈알고 넘어가야 할 과학 지식〉에서 살펴보기로 하자. 아주 오래 전부터 밤마다 똑같은 장소에 있던 이 확산천체가 더 일찍 주목받지 못한 것이 오히려 놀랄 일이었다.

혹 누군가 발견했다 해도 이에 관한 기록이 전혀 없으므로, 결국 알 수 피의 관측이 천문학에서는 최초라 할 수 있다.

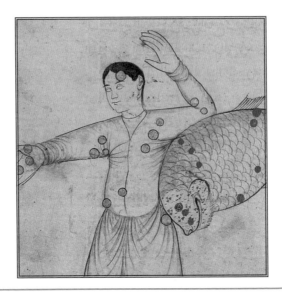

알 수피의 〈항성들에 관한 책〉에는 별자리 그림이 실려 있다.
그는 안드로메다자리에서 발견한 작은 구름을 물고기 등의 그림으로 나타냈다.

알 수피는 지칠 줄 모르는 관측자였다. 예멘을 여행하던 중 그는 또 다른 구름의 존재를 알아냈다. 이 구름은 남반구의 하늘에 있었기 때문에 이스파한에서는 볼 수 없었던 것이다. 이것이 대마젤란운으로, 지구의 작은 위성 은하이다.

뿐만 아니라 알 수피는 2세기에 프톨레마이오스가 편찬한 천문학 문헌 〈알마게스트〉를 번역하는 대규모 작업도 감행했다. 번역에만 그치지 않고 내용을 보완하고 많은 별들의 밝

두 개의 마젤란운(대마젤란운, 소마젤란운)이 유럽인으로서는 최초의 발견자인 포루투갈 항해사 페르디난 드 마젤란의 이름을 따오기는 했지만, 누구보다 먼저 대마젤란운을 기록으로 남긴 이는 알 수피다.

지구에서 쌍안경으로 관측한 대마젤란운

기 수치를 수정했다. 관측 결과는 그의 저서 〈항성들에 관한 책〉에 남아 있다. 르네상스 시대 유럽의 천문학자들은 천체도의 아랍어 번역판을 이용했는데, 그 결과 많은 별 이름이 라틴어가 아닌 아랍어 기원을 갖게 되었다. 잘 알려진 예로 백조자리의 데네브와 알비레오, 독수리자리의 알타이르, 오리온자리의 베텔게우스와 리겔이 있다. 그런데 아랍어 이름을 옮겨 적는 과정에서 뜻 한 귀퉁이가 떨어져 나가는 일이 종종 일어났다. 이를테면 사자자리에서 사자 꼬리를 나타내는 별은 오늘날 '데네볼라'라 불린다. 사실은 아랍어로 사자 꼬리는 데네브 올아시드(deneb ol aced)로, '데네브'가 꼬리를 의미한다. 그러니까 마지막 음절인 '아시드(aced)'가 서양인들의 번역 과정에서 단순한 실수로 사라져 버린 것이다.

알고 넘어가야 할 과학 지식

알 수피의 작은 구름은 몇 세기 동안 '안드로메다 대성운'이라 불렸다. 구름이 넓게 펼쳐져 있고 확산성을 지녔기 때문이다. 하지만 1920년대에 유명한 영국 천문학자 에드윈 허블(1889-1953)이 이 물질 속에서 변광성들을 관측했고(〈3,000년 전, 이집트인들이 변광성을 알아보다〉를 볼 것), 놀랍게도 그 거리가 몇 백만 광년 이상인 걸로 보아 우리 은하 너머에 있다고 추정했다. 그때까지 전혀 예상하지 못했던 새로운 유형의 이 천체 물질을 은하라고 한다. 우주에는 1,000억 개 이상의 은하가 있고, 각 은하는 10억 개가 넘는 별로 가득 차 있다. 안드로메다은하는 지구와 가장 가까운 은하들 가운데 하나로, 북반구에서 유일하게 망원경 없이 볼 수 있다.

> **충돌할지도 모른다고?!**
> 1920년대 말 에드윈 허블이 모든 은하가 지구로부터 멀어지는 것을 발견했다. 이것이 우주의 팽창이다(〈90년 전, 허블이 우주의 팽창을 발견하다〉를 볼 것). 그런데 이 대규모 팽창 운동 속에서 비교적 가까이 있는 몇몇 은하는 우연히 서로 스치거나, 부딪쳐 폭발할 수도 있다. 말하자면 우리 은하와 안드로메다은하도 가차 없이 접근하는 믿을 수 없는 일이 일어날지도 모른다. 물론 겁 낼 필요는 없다. 그런 엄청난 충돌은 40억 년 후에나 일어날 것으로 예측되니까.

우주를 대부분이 사막으로 이루어진 거대한 나라, 은하를 도시라고 상상해 보자. 별들은 그룹별로 나뉘어 이 도시에 속해 있다. 우리 은하나 안드로메다은하에는 수십억 개의 별이 포함된다. 별뿐만 아니라 가스와 먼지 구름도 있다. 각 은하들 사이의 공간은 별도 없고 빛도 없는 어두운 평야이다.

고성능 망원경에 포착된 안드로메다은하

은하에는 다양한 형태가 있다. 둥글거나(구형은하) 타원형인 것(타원은하), 평평한 것(나선은하), 그리고 특정한 형태가 없는 것(불규칙은하)도 있다. 우리 은하와 안드로메다은하는 나선은하다.

은하는 **별자리**와 전혀 다르다. 별자리는 지구와 가까운 일부 별들을 고대인들이 상상력을 발휘해 묶어 둔 것에 지나지 않는다(〈7,000년 전 메소포타미아인들이 별자리를 고안하다〉를 볼 것).

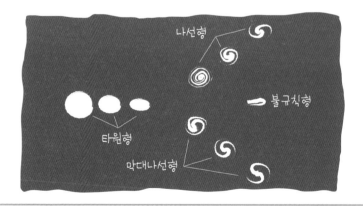

은하의 여러 유형

실험

거대한 안드로메다은하를 찾아보자

알 수피의 '작은 구름'을 찾아내는 일은 관측 장소에 따라 의외로 간단할 수도 있고 불가능할 수도 있다. 오늘날의 도시란 도시, 마을이란 마을에는 늘 불이 밝혀져 있는 탓이다. 가로등과 네온이 쏟아 내는 불빛에 밀려 밤하늘은 아름다움을 잃었다. 이것이 빛 공해이다. 빛 공해가 심한 도시에서 안드로메다은하를 찾아내기는 거의 불가능하다. 그러니까 도시에서 뚝 떨어진 깊은 산중이나 시골에 묵는 기회를 활용하자. 칠흑 같은 밤하늘이라면 망원경 없이도 이 머나먼 천체를 보는 놀라운 경험을 할 수 있다.

준비물

- 천체력 혹은 달위상을 표시한 달력
- 탁 트인 시골이나 산중의 밤하늘
- 있어도 되고 없어도 되는 것 : 쌍안경

① 안드로메다자리가 밤하늘 높은 곳에 나타나는 때를 선택하자. 8월이라면 밤이 끝날 무렵까지 기다려야 한다. 겨울은 한결 유리해, 밤잠이나 새벽잠을 축내지 않고도 안드로메다자리를 볼 수 있다. 성탄절을 전후해 이 별자리는 밤이 되자마자 남쪽 하늘 제일 높은 곳을 지나간다.

② 안드로메다은하 같은 확산천체는 달빛만 있어도 관측이 어렵다. 그러므로 삭으로부터 4, 5일 이상 지난 시점은 피하는 편이 좋다. 미리 달력을 확인해 실험 날짜를 선택하자.

역주 대한민국의 달위상은 천문우주지식정보 홈페이지의 '월별 천문현상 달력'을 참고하면 된다.

3 불빛 몇 가닥도 관측에 방해
가 된다. 도시와 동떨어진 곳,
가로등조차 없는 곳을 골라
관측하자.

4 밤하늘 높은 곳에서, 아래의 전체 하늘 그림(이 그림은 8월이면 밤새도록,
10월이면 한밤중, 12월이면 밤이 시작될 무렵에 유효하다)을 참고로 해
커다란 사각형을 이루는 별들을 찾아보자. 이것이 안드로메다자리를 찾
아내는 기준점이 될 페가수스자리다.

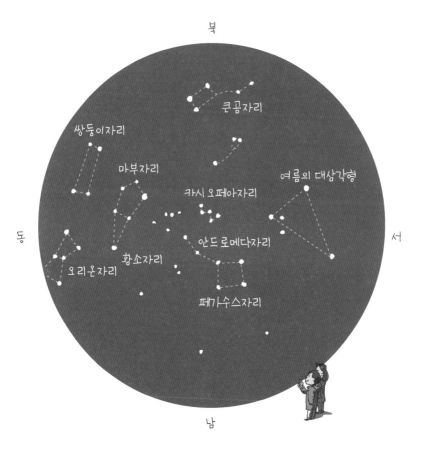

5 먼저 페가수스자리의 왼쪽 위에 보이는 빛나는 별을 찾아보자. 아래 그림에서 점선으로 표시한 대각선을 따라가면 된다. 이 별 바로 위로, 이제 밤하늘에 익숙해진 여러분의 눈앞에 별 하나가 나타날 것이다. 뒤이어 희미한 작은 별 두 개도 차례로 보일 것이다. 혹 보이지 않으면 이 실험을 제대로 해낼 수 있을 만큼 하늘이 어둡지 않다는 의미이다(아니면 여러분의 시력이 썩 좋지 않거나). 하늘 상태가 더 좋을 때 다시 시도하자.

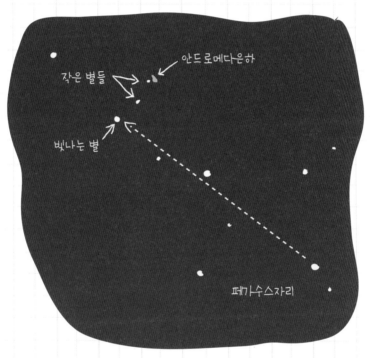

페가수스자리와 안드로메다은하

6 작은 별 두 개 가운데 더 높이 있는 별 위쪽에 희미한 회색 얼룩이 맨눈으로도 보일 것이다. 발견했는가? 이것이 안드로메다은하다. 이제 여러분은 알 수피 못지않은 훌륭한 관측자다.

쌍안경이 있다면 주저 없이 사용하자. 안드로메다은하를 관찰하는 데 쌍안경보다 좋은 도구는 없다. 너무 규모가 큰 은하여서 때때로 망원경으로는 오히려 실망스런 결과를 얻는다.

빛의 속도로…

빛은 제한된 속도로(초속 30만 킬로미터)로 여행한다. 우리가 먼 곳을 볼수록 더 과거를 본다는 의미이다. 예를 들어, 안드로메다은하가 250만 광년 떨어져 있으므로 우리는 무려 250만 광년 전의 모습을 보는 셈이다. 더 놀라운 사실도 있다. 바로 그 순간 안드로메다은하의 주민들도 혹시 지구를 보고 있다면, 그들도 250만 광년 전, 오스트랄로피테쿠스가 살던 시절의 지구를 보는 셈이다.

14

1,000년 전

알 하이삼이
어둠상자를 이해하다

카메라의 조상

이븐 알 하이삼(965-1039)은 페르시아 태생의 과학자로, 알하젠 또는 알하센이라는 이름으로도 알려졌다. 중세 아랍-이슬람 문명권에서 알 하이삼 같은 과학자들은 이미 자신들이 구상한 도구를 이용해 관찰과 실험을 통해 과학을 연구했다. 현대 과학과 똑같은 이런 방식으로 알 하이삼도 어둠상자의 원리를 이해할 수 있었다. 물리학자였던 알 하이삼은 광학과 눈의 기능에도 흥미를 품었다. 그는 물체가 태양빛을 반사하며, 인간의 눈이 태양빛을 포착한다고 이해했다. 그런데 당시에는 이런 사실은 거의 밝혀지지 않았으며 심지어 눈이 빛을 내뿜는다고 생각한 학자들도 있었다. 또한 그는 빛이 어떤 환경에서 다른 환경으로 옮아갈 때 빗나가는 '굴절' 현상을 정확히 설명했다. 200권이 넘는 그의 저작물 가운데 특히 두툼한 〈광학 개론〉은 라틴어로 번역된 덕에 거의 유일하게 오늘날까지 전해진다. 그는 이 책에서 스스로의 발명품인 어둠상자의 기능을 기술했다.

그리스인들은 바늘구멍 사진기, 그러니까 작은 구멍을 통해 뒤쪽에 있는 화면에 맺힌 상을 관찰하는 도구를 이미 알고 있었다. 하지만 그 원리는 정확히 설명하지 못했다. 이븐 알 하이삼은 화면에 맺힌 상이 구멍의 다른 편에 자리 잡은 물체들로부터 온다는 사실을 증명했다. 이를 위해 그는 어둠상자(라틴어로는 '카메라 옵스큐라')의 내부에 등잔불의 영상을 비추는 실험을 했다. 바늘구멍 사진기를 개량한 이 도구는 한쪽에 작은 구멍을, 다른 쪽에는 화면을 갖춘 상자였다. 나아가 그는 얻어진 상이 거꾸로 보이는 이유가 빛이 오직 직선으로만 전달되기 때문이라는 가설을 내세워 설명했다. 이것은 완벽하게 올바른 가설이었다. 이븐 알 하이삼은 어둠상자를 이용해 천체의 식을 관측한 최초의 인물이기도 했다.

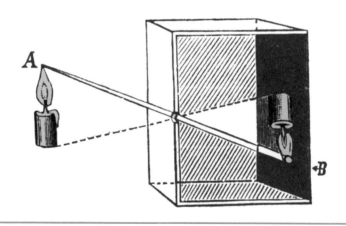

알 하이삼은 빛을 작은 구멍으로 통과시킨 결과 빛이 직선으로 이동한다는 사실을 알아냈다.
그는 〈광학 개론〉에서 이에 관해 설명했다.

알고 넘어가야 할 과학 지식

어둠상자는 카메라의 조상이다. 사진술이 발명되기 전에는 어둠상자가 만들어 낸 영상은 보존이 불가능했다. 19세기가 되어서야

니에프스가 살던 시대에는 인물 사진은 찍기 어려웠다. 노출 시간이 몇 시간에서 며칠씩이나 되었는데, 그렇게 오랫동안 움직이지 않고 기다릴 수는 없었다.

조세프 니세포르 니에프스(1765-1833)라는 프랑스인이 어둠상자 속에서 관찰된 상을 고정하는 장치를 개량했다. 간단히 말하면 자연산 역청을 덮어 만든 주석판으로, 사진철판의 원형이다. 니에프스는 1820년대에 최초로 사진을 찍는 데 성공했는데, 특히 〈차려진 식탁〉과 〈르 그라의 관점〉이 유명하다.

현대의 디지털 카메라로는 손쉽게 천체 사진과 별자리 사진을 찍을 수 있다. 유일한 제약은 움직이지 않도록 삼각대를 사용해야 하는 점이다. 짧은 초점거리(35밀리미터 이하)를 선택해 초점을 무한대에 맞추자. ISO 감도를 1,600으로 조절하고, 노출 시간을 10초에서 20초 사이로 선택한다. 이로써 맨눈으로는 볼 수 없는 무수한 별을 밤하늘에서 볼 수 있다.

사진기는 끊임없이 개량되었는데, 빛이 들어오는 작은 구멍 대신 렌즈를 사용하게 된 점은 획기적이었다. 정확도와 감광력이 한결 뛰어난 필름을 사용하게 되면서 감광면도 개량되었

오늘날 전해지는 가장 오래된 사진 〈르 그라의 관점〉은 1827년 니에프스가
자기 집 창문에서 찍은 전망이다.

다. 오늘날은 필름도 디지털 센서로 대체되었다. 카메라의 성능 개선은
특히 천문학 분야와 관련해 우리의 관심을 끈다. 하지만 카메라의 기본
원리는 여전히 1,000년 전, 이븐 알 하이삼이 개발한 어둠상자의 기본
원리와 비슷하다.

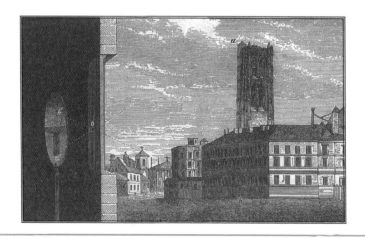

카메라 옵스큐라의 원리(1877년의 판화)

실험

어둠상자를 만들자

흔한 신발 상자를 이용해 이븐 알 하이삼과 똑같은 방식으로 어둠상자를 만들 수 있다. 여러분이 만든 어둠상자로 태양을 관찰할 수도 있다. 어둠상자의 화면에 비친 상을 보면 되니까 전혀 위험하지 않다.

준비물

- 신발 상자
- 흰 종이
- 스카치테이프
- 바늘
- 가위

주의!
물론 태양을 직접 올려다보면 안 된다!

① 상태가 좋은 신발 상자를 준비하자. 짧은 두 내벽 가운데 한 면의 안쪽에 흰 종이를 스카치테이프로 붙인다.

스카치테이프로 붙인 흰 종이

② 반대편 내벽에 바늘로 작은 구멍을 뚫자. 구멍이 작을수록 영상은 선명한 대신 더 어둡다. 어쨌거나 태양은 처음에는 매우 밝으므로, 관측에는 전혀 불편이 없다.

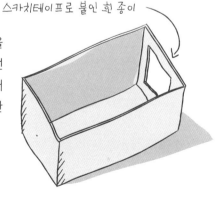

스카치테이프로 붙인 흰 종이

바늘구멍

❸ 그림처럼 상자 뚜껑을 한 면이 약 15센티미터가
되게 잘라내 위로 젖힌다.

❹ 그림처럼 상자 뚜껑을 덮으면 어둠상자가 완성된다.

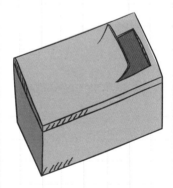

❺ 이제 손쉽고 안전하게 태양을 관찰할 수 있다. 물론 태양이 있는 쪽을 직
접 보면 안 된다. 태양을 향해 상자를 놓고, 화면에 빛나는 작은 원반이
나타나는지 살펴보자.

6 이 조그만 원반이 태양인지 아닌지 의심스럽다면 나뭇가지 한두 개가 시야를 가로막는 장소로 이동해 보자. 나뭇가지가 화면의 작은 원반에 그림자를 만들면 태양이 분명하다.

7 여러분이 만든 어둠상자는 특히 일식 때 재미있게 사용할 수 있다. 특수한 '일식용 안경'이 없어도 어둠상자로 안전하게 태양의 변화를 관측할 수 있기 때문이다. 아래 표에 프랑스 대도시에서 볼 수 있는 다음번 부분일식을 정리했다.

화면에 나타난 태양은 빛이 들어오는 구멍과 화면 사이의 거리가 멀수록 더 크게 보인다. 그러니까 신발 상자보다 더 긴 다른 상자들, 이를테면 포스터 보관용의 긴 원통으로도 만들 수 있다.

2016년에서 2030년 사이 프랑스에서 일어나는 부분일식 :

날짜, 유형, 시작 시간과 끝나는 시간(손목시계 기준)

2026년 8월 12일, 18시 58분 시작, 20시 34분 종료

2027년 8월 2일, 10시 23분 시작, 13시 50분 종료

2028년 1월 26일, 14시 15분 시작, 18시 정각 종료

대한민국에서 일어나는 부분일식(참고: 천문우주지식정보 홈페이지)

2018년 8월 11일, 17시 2분 시작, 20시 30분 종료

2019년 1월 7일, 08시 34분 시작, 11시 48분 종료

15

1,000년 전

중국인들이 초신성을 관측하다

대낮에도 보이는 새로운 별

중국인들은 1,000년 이상에 걸쳐 태양과 천체의 운동, 달위상 변화를 주의 깊게 지켜봐 왔다. 각 왕조는 천문학 연구를 장려해 제각기 달력을 만들었다. 특히 중세 시대, 유럽이 아리스토텔레스로부터 물려받은 고정 불변의 천구 개념에 사로잡혀 모든 새로운 천체 현상을 외면한 사이 중국인들은 일식과 월식, 혜성, 태양흑점(《2,000년 전, 중국인들이 태양흑점을 관측하다》를 볼 것) 등 하늘에서 관측되는 모든 변화에 대해 왕성하게 기록을 남겼다. 1054년, 매우 밝게 빛나는 새로운 별의 출현(이것은 서구 천문학자들은 전혀 몰랐던 현상이다)을 알아본 것도 중국인들이다.

1054년의 새로운 별은 황소자리에서 7월에 중국인들의 눈앞에 나타났다. 이 시기 황소자리는 밤이 거의 끝날 무렵에 뜨는데, 새로 나타난 별은 낮은 하늘에 떠 있었다. 낮게 떠 있는데도 쉽게 관측된 것은 몹

시 밝게 빛났기 때문이었다. 새로 나타
난 별은 금성보다 밝았고, 대낮에도 보
일 정도였다. 이 별은 3주 동안이나 밝
게 빛났다. 그런 후 빛이 조금씩 희미해
져 밤에만 관측할 수 있게 되었다. 어쨌
거나 이 별은 거의 2년 동안 보이다가 영
원히 하늘에서 사라졌다.

이 별을 최초로 목격한 이는 중
국인들이고, 그 출현에 대해서도
풍부한 기록을 남겼다. 하지만 아
랍인들과 일본인들도 이 별에 대
한 기록을 남겼다.

이렇게 일시적으로 나타나는 별을 중국 천문학자들은 '손님 별'이
라 불렀다. 사실 중국인들은 1000년대 초기에 거의 연달아 두 개의 새
별을 관측했다. 1054년의 손님 별만 유명해진 이유는 이 별의 정체가
1758년에 밝혀졌기 때문이다.

일본의 작가 후지와라 데이카.
천문학에도 관심이 있었던 그는 1054년의 손님 별에 대한 가상 상세한 기술을 남겼다.

알고 넘어가야 할 과학 지식

그렇다면 1054년 중국인들이 관측한 '손님 별'은 대체 무엇이었을까? 바로 초신성이다. 초신성은 죽는 순간 폭발하는 거대한 별이다. 폭발은 매우 격렬하며 엄청난 빛을 내뿜는다. 폭발 순간에 별의 대기가 부풀어 우주로 퍼진다. 이때 작은 가스 구름이 만들어져 몇 백 년에 걸쳐 점점 커진다. 이것이 폭발의 유일한 증언자 다시 말해 초신성의 '잔해'다. 죽은 별이 남기고 간 조그맣고 균일한 심장부는 전속력으로 반짝거리면서 희미한 빛을 계속 내뿜는다. 이것을 맥동이라 한다(〈120년 전, 헤르츠스프룽이 별들의 색깔을 이해하다〉를 볼 것).

1774년에 초판이, 1781년에는 거의 결정판이 발표된 메시에 목록은 혜성과 혼동을 일으키는 103개의 확산천체를 분류했다. 당시에는 아직 가스 구름, 성단, 은하라는 어휘를 구별해 쓰지 않았고 이 천체들을 뭉뚱그려 '성운'이라 불렀다. 메시에 목록은 수백 년이 지난 오늘날도 천문애호가들이 이용한다.

1054년의 손님 별이 남긴 조그만 가스 구름이 오늘날 우리가 알고 있는 '게성운'이다. 이 성운은 18세기에 우연히 발견되었다. 1758년 유명한 혜성 추적자 샤를 메시에가 핼리 혜성과 게성운을 혼동했다. 이 둘이 하늘의 같은 지대에 있었기 때문이다. 혜성을 추적할 때 성운과 혼동하는 일이 자주 생기자 결국 메시에는 성운만 추려 내 목록을 만들었다. 이 목록에 제일 먼저 올라간 게성운에는 메시에의 머리글자를 따 M1이라는 이름이 붙었다.

메시에가 살던 시대에는 1054년의 초신성과 게성운의 관계를 전혀 다음번 손님 별은 언제쯤 나타날까? 1604년 이래 우리 은하에는 초신성이 나타나지 않았다. 무려 400년 동안 잠잠한 것이다. 천문학자들의 계산에 따르면 한 은하에서 평균 100년에 한 번 별 하나가 폭발한다. 그러니까 조만간 아름답고 놀라운 광경을 보게 될지도 모르지만… 현재로서는 여전히 무소식이다.

알지 못했다. 그 관계는 대형 망원경이 등장하고 높은 해상도의 사진을 찍을 수 있게 된 20세기 초에야 밝혀졌다. 천문학자들은 몇 년 간격으로 찍은 M1의 사진을 비교한 결과 이 성운이 모습을 바꾸었고, 빠른 속도로 팽창 중이란 사실을 알아냈다. 그리하여 이 성운이 900년쯤 전에 생겨났다고 추론했다. 그 위치가 중국인들이 기록한 손님 별의 위치와 비슷했으므로, 게성운이 1054년의 초신성의 잔해라는 결론이 나왔다.

사진으로 본 게성운.
가스체의 팽창 상태로 미루어 이 성운이 1000년대 초기에 태어났음을 알게 되었다.

실험

게성운 M1을 찾아보자

메시에가 당시의 소박한 도구만으로 게성운을 관측했으니, 이론상으로 보면 우리도 흔한 아마추어용 망원경만으로도 관측할 수 있어야 한다. 그런데 18세기에는 도시에도 불빛이 거의 없었다. 메시에가 관측했던 파리의 밤하늘은 완전히 깜깜했다. 오늘날은 빛 공해 때문에 사정이 전혀 다르다. 도시의 밤하늘에서는 이제 성운을 관측하기 어렵다. 그러니까 1054년의 초신성의 잔해를 발견하려면 시야가 탁 트인 시골로 가야 한다. 게성운 관측은 썩쉽지는 않지만 충분히 가치 있는 일이다. 게성운이 사실상 하늘에서 볼 수 있는 유일한 초신성의 잔해이기 때문이다.

준비물

- 최소 구경 60밀리미터에서 80밀리미터인 천체망원경
- 저배율(20배×30배)의 접안렌즈
- 중간 배율(50배×60배)의 접안렌즈

1 겨울이 오기를 기다리자. 성탄절 전후가 괜찮다. 이 시기에 게성운은 저녁 하늘 높은 곳에 나타난다.

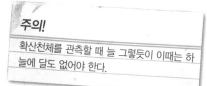

주의!
확산천체를 관측할 때 늘 그렇듯이 이때는 하늘에 달도 없어야 한다.

2 오리온자리를 이용하면 M1을 간단히 찾아낼 수 있다. 오리온자리는 겨울 하늘에서 잘 보이는 커다란 사각형을 이루고 있다. 이 사각형의 오른쪽 별 두 개를 이용하자. 다음 그림 〈맨눈으로 본 모습〉에 나타난 대로, 이 두 별 사이의 거리와 똑같은 길이만큼 위쪽으로 올라가 보자.

기준별 → · M1 황소자리

오리온자리

남쪽

맨 눈으로 본 모습

3 그러면 매우 밝지는 않아도 어쨌든 맨눈으로 보이는 별이 있을 것이다. 이 것이 황소자리의 두 개의 '뿔' 가운데 하나이다. M1은 이 기준별의 오른쪽 바로 위에 있다.

4 천체망원경으로 이 기준별을 관찰하 자. 이때 접안렌즈의 배율은 제일 낮 게 맞춘다. 기준별이 보이면 접안렌 즈의 가장자리 위쪽으로 오도록 위 치를 조절하자(혹 천정 미러를 사용 중이라면 물론 제일 아래쪽에 오도록 조절한다).

망원경으로 본 모습

기준별

M1

북쪽
(위치가 역전된 상태)

> **천정 미러**는 렌즈에 나타나는 영상 의 위아래를 바꿔주는 보조 도구이 다. 이것을 사용하면 천체망원경으 로 하늘 높이 있는 천체를 볼 때 목 의 피로를 덜 수 있다.

5 M1은 빛을 퍼뜨리는 작은 얼룩처럼 보일 것이다. 그런 것이 눈에 들어오면 관측은 성공이다. 이제 천체를 렌즈의 중심에 놓고, 살짝 사각형을 이루는 그 형태가 보이는지 살펴보자. 지름 60밀리미터의 망원경이라면 영상이 너무 어두워지지 않도록 배율을 60배 이상으로 올리지 말자.

6 혹 M1을 찾아내기 힘들면 〈망원경으로 본 모습〉에 나타난 별들의 상대적 위치를 참조하자. 기준별의 북쪽까지 이 일대를 천천히, 흐릿하고 희미한 얼룩을 주의 깊게 살피면서 훑어보자.

흔히 GO-TO라 부르는 자동천체망원경의 경우는 조정 화면에 M1이라고 입력만 하면 망원경에 자동으로 나타난다.

하늘에 다른 초신성의 잔해도 있을까?

계성운은 가장 손쉽게 관측할 수 있는 초신성의 잔해다. 그런데 애초 초신성의 잔해는 그리 흔하지 않다. 사실 이 천체들은 우주에서 엄청난 속도로 흐려지는 중이고, 따라서 아주 빨리 맨눈 관측이 불가능해진다. 백조자리의 '레이스'도 다른 초신성의 잔해다. 하지만 몇 만 년 전의 폭발을 증언하는 이 흐릿한 구름들은 M1보다 관측이 더 어렵다.

16

레오나르도 다빈치가
지구반사광을 발견하다

달에 비치는 지구의 빛

레오나르도 다빈치는 수많은 훌륭한 발명품과 그림을 남긴 천재적 인물로 널리 알려져 있다. 기술자이기도 했던 그는 전차, 낙하산, 비행기, 잠수함 등 숱한 기계를 고안했다. 다빈치가 머물렀던 발드 루아르 지역의 클로 뤼체 성에는 그 기계들의 축소 복제품이 전시되어 있다. 토스카나 출신의 이 거장은 예술 분야에서도 뛰어났다. 루브르 박물관에 전시된 모나리자 그림은 너무나 유명하다. 뿐만 아니라 그는 천문학 지식의 진보에도 공헌했다. 사실 레오나르도 다빈치는 달에 비치는 지구반사광의 기원을 설명한 최초의 인물이었다.

인류는 아주 먼 옛날부터 초승달이 떴을 때 달의 어두운 부분 전체에 드러나는 희미한 빛을 목격했다. 대체 이 이상한 빛의 정체는 무엇이었을까?

다빈치가 이 물음에 몰두해 있을 당시, 사람들은 태양과 지구 중 어느 쪽이 어느 쪽 주위를 도는지 여전히 몰랐다. 코페르니쿠스의 태양중심설은 아직 세상에 나오지 않았다(〈500년 전, 코페르니쿠스가 태양중심설을 내세우다〉를 볼 것). 하지만 갈릴레이가 최초로 망원경으로 달을 들여다본 것보다 100년 앞서 이미 다빈치는 이 지구반사광의 기원을 이해했다.

레오나르도 다빈치의 자화상
(1452-1519)

1510년 무렵 다빈치가 작성한, 오늘날 〈코덱스 레스터(레스터 사본)〉이라는 제목으로 알려진 과학 노트에는 달에 대기가 있고, 지구와 마찬가지로 바다도 있다는 주장이 기록되어 있다. 그는 실제로 물이 출렁이는 광대한 바다로 인해 달이 태양빛(더 정확히는 지구의 대양이 반사한 태양빛)을 비추는 완벽한 거울이 된다고 설명했다.

태양의 역할에 대한 다빈치의 생각은 잘못되었지만(〈알고 넘어가야 할 과학 지식〉을 볼 것), 지구반사광의 기원에 대해서는 틀린 생각이 아니었다. 사실 달에 비친 태양빛을 반사해 어둠에 잠긴 달의 일부분을 밝히는 것은 지구이다. 그러면 이번에는 달이 이 빛의 일부를 거울 놀이라도 하는 것처럼 지구로 되돌려 보낸다. 말하자면 지구반사광은 '반사의 반사'인 셈이다.

지구반사광으로 희미한 빛을 드러낸 달.
레오나르도 다빈치 본인이 그린 그림이다. 그는 자신의
과학 노트에 이에 관한 기록을 남겼다.

알고 넘어가야 할 과학 지식

모든 행성과 그 위성은 태양으로부터 받는 빛의 일부를 우주에 반사한다. 밤하늘에서 행성들이 빛나 보이는 것은 이 때문이다. 푸른 지구도 태양빛의 30퍼센트를 반사한다. 그 결과 달이 밤일 때에도 지구의 빛이 달 표면을 강력하게 밝힌다. 달 표면이 되쏘는 빛이 지구반사광이다.

아폴로 계획의 우주비행사들은 달에서 본 지구가 얼마나 빛나는지 확인했다. 달에서 보는 지구는 지구에서 보는 보름달보다 50배 더 밝다.

레오나르도 다빈치가 지구반사광의 원리를 제대로 이해했다고는 하지만 그의 가설 가운데 두 가지는 나중에 반박되었다. 첫째, 그는 지구의 대양이 태양빛을 반사한다고 생각했다. 오늘날은 태양빛을 우주로 반사하는 것이 특히 대기층의 흰 구름들이라고 알려져 있다. 둘째, 그는 달에도 대양이 있어 이것이 빛을 반사한다고 생각했다. 그런데 달은 공기도 없고 표면에 물 한 방울도 없는 죽은 천체이다. 달의 바다는 거대한 용암 사막일 뿐이다.

알베도는 라틴어로 '흰 빛'을 뜻하는데, 천체의 반사력을 나타낸다. 알베도의 값은 0퍼센트에서 100퍼센트 사이의 수치로 나타낸다. 수치가 높을수록 천체는 자신이 받는 빛을 우주에 많이 반사한다. 달의 평균 알베도는 7퍼센트로, 석탄과 맞먹는다. 사실 달의 평야가 알베도 20퍼센트에 가까운데도 평균 수치가 이렇게 낮은 이유는 달의 바다가 매우 어둡기(알베도가 단 3퍼센트) 때문이다.

결국 달 표면의 반사력은 약하지만(달의 '알베도'는 겨우 7퍼센트이다), 지구반사광을 쉽게 알아보기에는 충분하다.

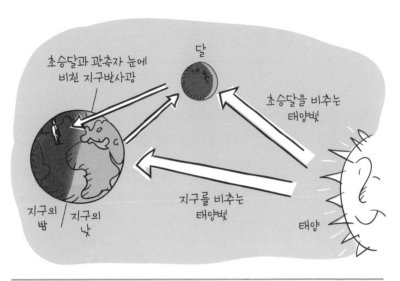

지구반사광의 기원은 거울 놀이 원리이다. 지구반사광은 말하자면 '반사의 반사'이다.

다빈치의 발명품들

레오나르도 다빈치는 무수한 종류의 기계를 고안했다. 바퀴 달린 것, 날개 달린 것, 바다 밑으로 내려가는 것… 비행기 같은 일부 기계는 사실 좀 황당하기도 했다. 하지만 뚜렷한 용도를 지닌 실용적인 기계도 많았다. 이를테면 거울을 반짝반짝 윤이 나게 닦는 기구나 베틀이 그렇다. 과학은 아주 조금씩 진보해 왔고, 다빈치의 '발명품' 가운데 다수개(예를 들어 헬리콥터, 전차, 외륜선) 앞선 시대의 과학자들이 만든 물건을 더욱 갈고 다듬어 완성한 것들이었다. 그런데 다빈치 본인의 대담한 발명품들을 직접 시험해 보지 않았던 점은 정말 다행이었다. 낙하산은 빙글빙글 돌면서 낙하해 추락했을 테고, 잠수함은 그를 질식시켰을 테니까… 물론 그렇다고 해서 그의 천재성에 흠집이 생기는 것은 아니다.

실험

지구반사광을 그려 보자

레오나르도 다빈치가 과학 노트에 그렸던 것처럼 달과 달에 비친 지구반사광을 스케치해 보자. 그러려면 먼저 지구반사광을 관측해야 한다. 지구반사광은 하늘이 아주 맑을 때, 특히 바람이 약간 있는 날 저녁에 제일 잘 보인다. 관측한 지구반사광을 종이에 그려 보자. 그림에 소질이 없다 해도 자신을 갖고 그리자. 비록 레오나르도 다빈치처럼 섬세하지는 못해도 정확도만 보면 그의 작품을 넘어설지도 모른다. 레오나르도 다빈치는 달의 바다를 전혀 그리지 않았지만 여러분은 얼마든지 그릴 수 있기 때문이다.

준비물

- 우체국 달력(혹은 달위상이 표시된 달력)
- 손전등(밤에 그림을 그릴 수 있을 정도의 약한 빛이면 된다)
- 흰 종이와 연필
- 그림 그릴 때 받침대가 될 만한 물건(탁자 혹은 표지가 딱딱한 그림책)

1 달력에서 다음번 삭의 날짜를 확인하자. 한 달에 한 번, 검은 동그라미가 표시된 날이다.

2 삭으로부터 3, 4일 후로 관측 날짜를 잡는다. 혹 날씨가 나쁘면 관측을 다음 달로 미루자.

역주 대한민국의 달위상은 천문우주지식정보 홈페이지의 '월별 천문현상 달력'을 참고하면 된다.

달력의 예

5월 11일(일) 잔 다르크 축일
  12일(월) 성 아킬레오 축일 ● 삭
  13일(화) 성 롤랑드 축일
  14일(수) 성 마티아스 축일
  15일(목) 성 데니스 축일
  16일(금) 성 오 노레 축일
  17일(토) 성 파스칼 축일

실험에 적합한 날짜 :
삭으로부터 3, 4일 후

3 당일이 되면 해가 저물고 45분 후에 밖으로 나가자. 일몰 시각은 우체국 달력에 표시되어 있다. 세계시로 적혀 있으므로 여러분의 시계에 맞추려면 겨울에는 1시간, 여름에는 2시간을 더하면 된다.

역주 서울의 경우, 세계시에 9시간을 더하여 계산하면 된다.

4 초승달을 찾아보자. 이 시각에는 언제나 서쪽 하늘에 걸려 있다.

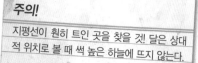

주의!
지평선이 훤히 트인 곳을 찾을 것! 달은 상대적 위치로 볼 때 썩 높은 하늘에 뜨지 않는다.

초승달과
지구반사광

석양빛

서쪽 하늘의 모습(지평선이 훤히 트여야 한다)

5 달을 찾아내면 초승달 자체를 보지 말고 희미하게 빛나는 원반에 집중하자. 희미한 그 원반이 초승달 안쪽에 자리 잡은 부분이다. 이 회색빛 원반을 찾아내면 성공이다. 이것이 바로 지구반사광이다.

6 아직 약간 밝은 상태라면 딱딱한 받침에 종이를 펼치고 그림을 그리자. 이미 어두워졌다면 손전등을 사용하거나, 실내로 들어가 기억을 되살려 곧바로 그림을 그리자.

7 여러분의 그림을 레오나르도 다빈치의 그림(146쪽 하단 참고)과 비교해 보자.

흐릿한 지구반사광이 내비치는 달 표면이 환한 초승달 부분보다 지름 이 살짝 작아 보인다는 사실을 아마 여러분도 눈치챌 것이다. 이것은 양쪽의 밝기가 크게 차이 나는 데서 비롯된 광학 효과이다. 이런 함정 에 빠지지 않기 위해 종이에 미리 원을 그려 두자. 그러면 관측 때 초승 달의 경계선만 그리면 되고(가능하면 달의 바다들도 그려 보자), 그런 다음 지구반사광에 해당하는 부분을 회색으로 칠하면 된다.

망원경으로 보면 지구반사광을 자세히 관찰할 수 있다. 특히 달의 바다들도 볼 수 있다.

17

코페르니쿠스가 태양중심설을 내세우다

행성들은 태양 주위를 돈다

밤 하늘의 별들과 태양의 운행을 바라볼 때 지구가 움직이고 있다는 감각은 전혀 없다. 지구는 정말로 꿈쩍도 하지 않으며 이 지구 주위를 별들이 돌고 있는 것 같은 인상을 받는다. 사실은 그 반대라는 눈에 띄는 증거도 없고 망원경도 없었던 탓에 지구를 우주의 중심에 놓고 생각하는 '지구중심설'이 르네상스 시대까지 지배적이었다. 그런데 폴란드 수도사 니콜라스 코페르니쿠스가 이 이론이 밤하늘의 행성들의 운동을 설명하기에는 너무 복잡하다는 사실을 마침내 깨닫게 된다.

지구가 우주의 중심이 아니라는 생각은 고대 그리스의 피타고라스 학파, 아리스타코스 같은 과학자들 사이에서 이미 싹트고 있었다. 그런데도 아리스토텔레스로부터 전해진 당대의 지론은 지구가 우주 중심에서 움직이지 않는다는 생각이었다. 고대 말기, 이집트 천문학자 프톨레마이오스가 '주전원'을 이용해 행성들의 복잡한 운동을 설명함으로써 지구중심설의 타당성을 증명했다. 곧이어 교회의 인정까지 받게 되자 지구중심설이라는 우주관은 섣불리 건드릴 수 없게 되었다.

> **주전원**은 행성들의 불규칙 운동을 설명하기 위해 고안한 원이다. 행성들의 궤도와 밝기가 변화하는 원인이 행성들이 지구 주위를 도는 동시에 또 하나의 작은 원을 그리며 돌기 때문이라는 논리다.

약 1,500년 후 폴란드 수도사 니콜라스 코페르니쿠스(1473-1543)는 아리스토텔레스와 프톨레마이오스의 체계가 너무 복잡하다고 생각했다. 더욱이 프톨레마이오스의 가설로는 코페르니쿠스가 관측한 행성들의 위치를 제대로 기술할 수 없음을 깨달았다. 1514년 코페르니쿠스가 마침내 '태양중심설'을 다시 끄집어 내 정확히 가다듬는 일을 감행했다. 태양중심설은 지구를 포함한 모든 행성(지구 주위를 도는 것으로 보이는 달은 제외하고)이 태양 주위를 돈다는 이론이다. 교회와의 충돌을 염려했는지 코페르니쿠스는 세상을 떠나기 몇 달 전에야 〈천체의 회전에 관하여〉라는 책에서 태양중심설을 발표했다.

너무 복잡하단 말이야…

코페르니쿠스의 저서는 즉각 반향을 불러오지는 못했다. 더욱이 코페르니쿠스가 행성들이 태양 주위에서 완벽한 원을 그리며 움직인다고 생각했던 탓에 그의 모델은 천문학자들의 관측과 완전히 합치하지는 않았다.

니콜라스 코페르니쿠스

하지만 50년 후, 요하네스 케플러가 행성들은 원이 아니라 타원형을 그리며 움직인다는 사실을 알아냄으로써(〈400년 전, 케플러가 행성들의 운동을 방정식화하다〉를 볼 것) 태양 주위 행성들의 운동을 올바로 이해하게 되었다. 여기에 갈릴레이가 망원경으로 관측한 결과들(〈400년 전, 갈릴레이가 태양중심설을 옹호하다〉를 볼 것)도 보태져 마침내 태양중심설이 확립되었다.

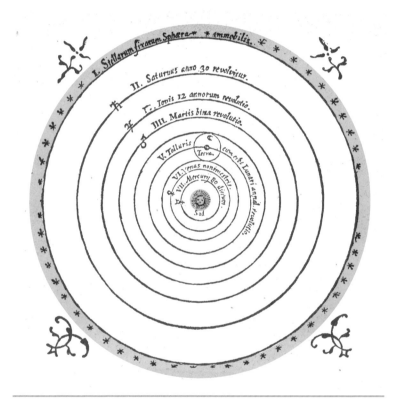

코페르니쿠스의 태양중심설. 태양 주위를 도는 여섯 행성의 궤도, 지구 주위를 도는 달의 궤도가 드러나 있다. 제일 바깥쪽에 붙박이별들의 천구도 보인다.

태양중심설은 간결 명쾌했고, 갈릴레이의 관측 또한 이 이론에 힘을 실어주었다. 그런데도 17세기 초에 좀처럼 인정받지 못한 것은 무엇보다 교회가 이 생각에 맹렬히 반대했기 때문이다. 교회는 아리스토텔레스와 프톨레마이오스가 고안한 우주관을 유지하고자 했다. 그 결과 케플러는 파문당했고, 갈릴레이는 1633년 재판에서 공식적으로 자신의 이론을 버려야 했다(〈400년 전 갈릴레이가 태양중심설을 옹호하다〉를 볼 것). 또한 실험에 의한 증거가 여전히 없었다는 점도 큰 이유였다. 갈릴레이가 확인한 금성의 위상 변화(이에 관해서는 나중에 살펴볼 것이다)는 강력한 논거이기는 했지만 이조차 티코 브라헤가 고안한 중간적 모델인 지구-태양중심설의 범위 안에서도 설명이 가능했다. 티코 브라헤의 지구-태양중심설은 지구는 움직이지 않으며, 그 지구 주위를 달과 태양이 돌고, 태양 주위를 다른 행성들이 돈다고 설명했다.

아야!

아이작 뉴턴

하늘에서 보이는 확실한 증거가 없는 점은 접어 두고라도, 지구가 태양 주위를 빠른 속도로 돌고 있다면 우리가 왜 아무것도 느끼지 못할까? 만일 지구가 돈다면, 탑 위에서 떨어뜨린 돌이 왜 언제나 이 탑의 발밑에 정확히 떨어질까? 17세기 말 영국 과학자 아이작 뉴턴이 이 현상을 중력의 법칙으로 설명함으로써 코페르니쿠스의 이론이 마침내 커다란 논리적 일관성을 얻게 되었다.

시차는 두 물체가 서로 다른 거리에 있을 때, 관찰자가 어디서 보느냐에 따라 마치 한 물체의 위치가 변한 것처럼 보이는 현상이다.

그런데 뉴턴의 중력을 고려한다 해도 지구가 움직인다는 '눈에 보이는' 증거는 여전히 없었다. 예를 들어 별들의 위치가 여름과 겨울에 제각기 살짝 다르다는 것을 관측하면 훌륭한 증거가 될 터였다. 태양중심설이 옳다면 태양 주위를 도는 지구의 궤도상에서 우리가 여름과 겨울에 똑같은 장소에 있지 않을 테니까 말이다. 아쉽게도 별들은 너무 멀리 있었고, 이런 위치 변화 (이것을 '시차'라 한다)는 1838년에야 베셀의 연구 덕택에 관측되었다(〈180년 전, 베셀이 별들의 거리를 측정하다〉를 볼 것).

다행히 지구가 태양 주위를 도는 데서 비롯되는 또 다른 결과도 있었다. 지구의 공전은 별들이 스스로 움직이는 것처럼 보이게 만든다. 이 효과는 1728년 제임스 브래들리가 발견했다. 이와 비슷한 현상은 자동차를 타고 갈 때도 관찰할 수 있다. 비가 올 때 자동차가 빨리 달리면 빗방울이 마치 우리한테 덤벼드는 느낌인데, 실제로는 빗방울이 아니라 우리가 이동한다. 별들도 마찬가지이다. 별들이 한 해를 통해 원래의 위치 주변에서 살짝 흔들리는 것처럼* 보이는 원인은 지구가 태양 주위를 돌기 때문이다.

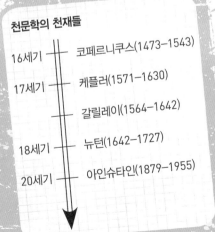

천문학의 천재들

16세기 — 코페르니쿠스(1473-1543)

17세기 — 케플러(1571-1630)
       — 갈릴레이(1564-1642)

18세기 — 뉴턴(1642-1727)

20세기 — 아인슈타인(1879-1955)

* 감수자 주 '광행차'라고 하는 현상으로, 지구의 공전 속도 때문에 망원경으로 별을 관측하려면 실제 별빛의 방향보다 앞으로 약간 기울여 관측한다.

실험

난이도 ⭐

미니 태양계를 만들자

이번에는 행성들 사이의 거리를 제대로 설정한 태양계의 축소 모형을 만들어 보자. 행성들은 코페르니쿠스 시대에 알려진, 맨눈으로도 보이는 것들로 제한하자. 그러니까 나중에 발견된 천왕성과 해왕성, 그리고 2005년 이후로는 어쨌거나 행성 자격이 없어진 명왕성은 생략한다. 일단 필요한 공간을 가늠해 보자. 제일 멀리 있는 토성이 태양에서 성큼성큼 걸어 약 마흔 걸음이니까 되도록 잔디밭이 좋다.

준비물

- 똑같은 막대기 여덟 개(길이는 50센티미터에서 1미터 정도면 된다)
- 탁구공 한두 개
- 풀
- 바늘귀가 크지 않은 바늘 다섯 개
- 약 4밀리미터의 동그란 머리통이 달린 핀 두 개

❶ 막대기 끝에 탁구공을 붙여 잔디밭에 세운다. 탁구공을 태양이라 생각하자. 태양의 실제 지름은 거의 150만 킬로미터이므로 엄청나게 축소시킨 셈이다.

❷ 다섯 개의 막대기 끝에 제각각 바늘을 꽂는다. 바늘귀 부분이 각각 수성, 금성, 지구, 달, 그리고 화성을 나타낸다. 실제로 이 천체들의 크기는 다다르지만 축소 모형에서는 너무 작은 단위라 일일이 차이를 반영할 수 없다. 그렇다고 큰 문제는 아니다. 중요한 것은 이 천체들과 태양 사이의 거리를 제대로 설정하는 일이다.

③ 수성, 금성, 지구, 화성을 각각 '태양' 막대기에서 두 걸음, 세 걸음, 여섯 걸음 떨어진 곳에 놓자. 이 축소 모형에서 달은 지구와 불과 1센티미터 떨어져 있다. 그러니까 지구 막대기와 달 막대기 사이는 손가락 하나 폭이면 충분하다.

> **지구형 행성**은 암석으로 이루어져 있어 표면이 딱딱하다. 수성, 금성, 지구, 화성이 여기 속한다. **가스행성**은 주로 가스로 이루어졌고 딱딱한 표면을 지니지 않는다. 목성, 토성, 천왕성, 해왕성이 여기 속한다.

④ 태양계의 더 먼 곳에 있는 행성들은 매우 거대한 가스행성이다. 남은 두 개의 막대기 중 하나에 동그란 머리통이 달린 핀을 꽂자. 이것이 목성이다. 목성의 위치를 제대로 잡기 위해 탁구공 태양으로 되돌아가, 이미 설치한 막대기들에 비해 약간 대각선 방향으로 스무 걸음 움직이자.

⑤ 마지막 막대기에 머리통이 달린 핀을 꽂자. 비록 고리는 없지만 이것이 토성이다. 목성에서부터 태양과 반대쪽으로 열여덟 걸음 움직여 토성을 설치하자. 이로써 여러분만의 미니 태양계가 완성되었다. 이제 마음대로 태양계의 행성 사이를 거닐어 보자.

가장 가까운 별은 어디쯤 있을까?
여러분의 부모님이나 친구들에게 탁구공 하나를 건네고 퀴즈를 내 보자. 이 탁구공이 태양계에서 가장 가까운 별(센타우루스자리 프록시마별)이라고 하자. 그러면 이 별을 축소 모형의 어디쯤에 놓으면 될까? 답 : 축소 모형에서 무려 1,000킬로미터 떨어진 지점

18

케플러가 행성의
운동을 방정식화하다

행성들의 궤도는 타원형이다

요 하네스 케플러(1571-1630)는 신앙심 깊은 독일 천문학자였다. 그는 신이 우주를 지극히 조화롭게 만들었다고 믿었다. 그리고 그 조화로움은 코페르니쿠스의 태양중심설 속에는 있지만 프톨레마이오스의 복잡한 지구중심설 속에는 전혀 없는 것으로 그의 눈에 비쳤다. 케플러는 태양 주위를 도는 행성의 운동을 제대로 이해하고 방정식화했다. 그리고 자신의 이런 작업이 그저 '신의 조화로운 솜씨를 대신 드러냈을 뿐'이라고 말했다.

케플러는 1년 동안 티코 브라헤의 조수로 일했다. 티코 브라헤가 태양중심설을 완강히 반대했던 탓에 두 사람의 관계는 원만하지는 않았다. 1601년 티코 브라헤가 세상을 떠나자 케플러가 왕실 천문학자 자리를 물려받았고, 이를 계기로 케플러의 생각이 확연히 세상에 드러났다. 케플러가 태양 주위 행성의 운동을 올바로 이해할 수 있었던 것은 티코 브라헤가 만든 화성의 위치에 대한 정확한 목록 덕택이었다. 케플러는 행성의 운동에 관한 세 가지 법칙을 확립했는데, 이것은 '케플러 법칙'이라 불리며 오늘날에도 폭넓게 활용된다.

케플러의 제1법칙에 따르면 행성들은 타원형을 그리며 태양 주위를 돈다. 타원형은 원을 잡아 늘인 형태이다. 코페르니쿠스도 행성의 궤도가 원이라고 생각한 탓에 설명할 수 없었던 불규칙 운동이 타원궤도 개념을 통해 마침내 설명되었다.

제2법칙은 행성들의 궤도상의 위치와 속도의 관계를 규정한다. 행성들은 태양과 가까울 때 더 빨리 돌고, 태양에서 멀어지면 더 천천히 돈다.

제3법칙에 따르면 행성의 공전 주기는 행성의 궤도가 멀리 떨어져 있을수록 더 길다. 이 법칙을 이용해 태양과 행성 사이의 거리를 계산할 수 있다.

알고 넘어가야 할 과학 지식

케플러의 제1법칙과 제2법칙은 1609년 〈새로운 천문학〉이라는 저서를 통해 세상에 알려졌다. 제3법칙은 1619년에 발표되었다. 세상의 반응은 차가웠다. 많은 과학자들이 케플러의 주장을 반박하거나 아예 무시했다. 그런데도 1627년 케플러는 이 법칙들을 토대로 최초의 천체력을 펴내 행성들의 위치를 예측했다. 그는 1631년 9월 7일 수성이 태양 앞을 지나가리라 예측했다. 아쉽게도 케플러는 이 진귀한 현상이 일어나기 1년 전 세상을 떠났다. 하지만 그가 예측한 날이 되자 수성이 실제로 태양 앞을 지나갔고, 이로써 케플러의 법칙이 놀랄 만큼 정확했음이 드러났다.

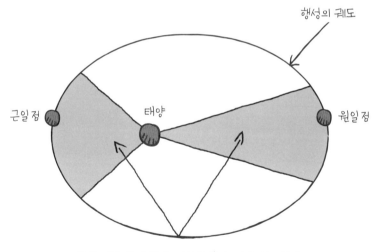

같은 시간 동안 같은 면적을 훑고 지나가는 행성

케플러의 제2법칙을 나타낸 그림.
행성은 같은 시간 동안 같은 면적을 훑으면서(푸른색으로 표시된 부분) 궤도 위를 나아간다.
태양에서 가장 가까운 궤도점을 근일점, 가장 먼 궤도점을 원일점이라 한다.

반 세기 후 영국 과학자
뉴턴이 이 법칙들을 결정적
으로 인정한다. 1687년 뉴

오늘날 행성 관측을 위한 무인 우주탐사선의 궤도도 케플러 법칙에 의거해 계산한다.

턴은 케플러 법칙이 자신이 발견한 만유인
력법칙의 논리적 결과임을 증명한다. 케플러 법칙은 이후 100년에 걸쳐
천문학의 여러 분야에 기여했다. 위르뱅 르베리에(1811-1877)가 천왕성
궤도 바깥에 또 다른 행성이 있으리라 예측하고, 실제로 1846년에 해
왕성을 발견해 낸 것도 이 법칙 덕분이다.

보이저 계획의 두 무인 우주탐사선 가운데 하나.
이 탐사선들은 1977년 나사(NASA)가 태양계 행성 탐사를 위해 쏘아 올렸다.
천문학자들은 케플러법칙을 이용해 탐사선의 궤도를 계산할 수 있었다.

실험

궤도 위를 나아가는 지구의 속도 변화를 관찰하자

다른 행성들과 마찬가지로 지구의 공전 궤도도 타원형이다. 그러니까 케플러의 제2법칙에 따라 지구가 태양 주위를 도는 속도가 한 해를 통해 변하리라 예측할 수 있다. 이것을 재미난 실험으로 확인해 보자. 태양이 우리들의 손목시계를 기준으로 매일 똑같은 시간에 정확히 남쪽 하늘을 지난다고 생각할지도 모른다. 하지만 실제로는 지구 궤도가 타원형인 까닭에 태양은 일년 동안 하늘에서 '속도를 올리기도 하고 늦추기도 한다'. 그 결과 태양이 남쪽 하늘을 지나가는 시간도 달라질 수 있다. 몇 달 간격을 두고 똑같은 시간에 땅에 늘어진 막대기의 그림자를 비교함으로써 이 차이를 관찰해 보자.

준비물

- 최소 50센티미터 이상의 나무 막대기 혹은 금속 막대기
- 텐트 고정용의 작은 말뚝
- 정확한 손목시계
- 시간 안내 서비스(실험 전에 우선 여러분의 시계를 정확히 맞춰야 한다)

주의!

인내심이 필요한 실험이다. 하지만 결과는 반드시 얻을 수 있다.

① 최소 50센티미터 길이의 단단한 나무 막대기나 금속 막대기를 준비한다.

② 겨울에도 정오 무렵 남쪽 하늘이 잘 보이는 잔디밭으로 가자. 11월 초에 막대기를 땅에 단단히 설치한다. 이때부터 석 달 동안 막대기를 건드리거나 움직여서는 안 된다.

3 11월 1일에서 20일 사이, 날씨 좋은 날 관찰한다. 우선 시간 안내 서비스를 이용해 여러분의 시계를 맞추자. 땅에 고정시킬 작은 지표도 준비하자. 텐트 고정용의 말뚝 같은 것이 좋다.

4 13시가 되기 조금 전 막대기가 늘어뜨린 그림자를 관찰하자. 그림자의 경계선을 특히 잘 살펴보자. 정각 13시에 그림자의 한쪽 경계선(왼쪽도 좋고 오른쪽도 좋다)과 정확히 등을 맞대게 작은 말뚝을 지면에 세운다.

정각 13시

그림자의 한 면과
등을 맞대게
작은 말뚝을 세운다

11월 1일에서 20일 사이

5 막대기와 작은 말뚝이 잘 고정되었는지 지켜보면서 12월과 1월을 넘기자. 2월 1일에서 20일 사이에 다시 측정할 준비를 한다.

6 2월 1일에서 20일 사이 날씨 좋은 날, 11월과 똑같이 준비한다. 우선 시계를 정확한 시간에 맞추고, 막대기의 그림자를 관측하자. 정각 오후 1시, 그림자의 면이 11월의 기준점에 전혀 미치지 못하는 것을 보게 될 것이다. 태양이 하늘에서 천천히 나아갔기 때문일까? 아니다. 지구가 겨울에 궤도 상에서 더 빨리 움직인다는 뜻이다(물론 지구 자전축이 기울어져 있다는 사실도 한몫을 한다). 이것이 지구의 공전 궤도가 타원형이란 증거다.

정각 13시

한참 떨어져 있잖아!

지표로 삼은 말뚝

그림자의 경계선

2월 1일에서 20일

지구는 겨울에 태양에서 제일 가깝다

지구가 태양에서 제일 가까운 때가 1월 초(근일점), 제일 먼 때가 7월 초(원일점)이다. 겨울에 지구가 태양에서 제일 가깝다는 사실이 조금 의외라 느껴질지도 모른다. 하지만 다음 두 가지 사실을 생각하면 납득이 될 것이다. 첫째, 지구와 태양 사이의 거리는 거의 변하지 않고, 그 거리가 지구의 평균 기온에 미치는 영향은 없다(지구의 공전 궤도는 이심률이 매우 약한 타원형이다. 즉 비교적 원에 가깝다). 둘째, 북반구의 1월이 겨울이라면 남반구에서는 한여름이다.

19

400년 전

갈릴레이가 망원경으로 하늘을 관측하다

별을 보는 새로운 시각

갈릴레이는 르네상스 시대의 이름난 이탈리아 천문학자로, 당시 새로 발명된 망원경으로 하늘을 관측한 최초의 인물이었다. 원래 지상에서 물체를 가까이 보기 위해 만들어진 망원경으로 갈릴레이는 천체를 자세히 들여다보았다. 그리고 완전히 다른 시각으로 우주를 보게 되었다.

갈릴레이는 처음에는 고향 피사에서 의학을 공부했는데, 썩 열의가 있었던 것은 아니었다. 아리스토텔레스가 물려준 반박 불가능한 '진리'를 토대로 한 가르침을 샅샅이 외우는 데 그는 금세 싫증을 느꼈다.

수학과 물리학으로 방향을 돌린 그는 곧 대학 교수가 되었고, 이 분야의 발전에 크게 기여했다. 특히 피사의 사탑 꼭대기에서 행한 물체의 낙하 실험은 널리 알려져 있다.

1609년 갈릴레이는 네덜란드에서 만들어졌다는, 멀리 있는 사람이나 풍경을 확대해 보여 주는 망원경이란 도구의 소문을 들었다. 흥미가 발동한 그는 곧 스스로 제작에 착수했다. 그 결과 많은 망원경을 만들고 끊임없이 성능을 개량했다 (그러니까 '갈릴레이의 망원경'이 아니라 '갈릴레이의 망원경들'이라고 하는 게 옳다). 그가 만든 망원경들의 배율이 14배에서 50배였던 것은 당시로서 놀라운 수준이었다. 하지만 아직 많은 광학상의 결점으로 인해 성능에 한계가 있었던 것도 사실이다.

갈릴레이가 사용했던 망원경의 모양

망원경을 만들 때 갈릴레이의 머릿속에는 이것으로 천체를 관측하겠다는 생각 하나뿐이었다. 실제로 그는 그렇게 천체를 관측한 역사상 최초의 인물이 되었다. 1609년 가을부터 갈릴레이의 망원경들은 성능이 상당히 좋아졌다. 덕분에 그때까지 인류가 목격했던 것보다 훨씬 많은 천체 현상을 단 몇 달 만에 볼 수 있었다. 그는 달 표면이 아리스토텔레스의 주장처럼 매끈하지 않고 달구덩이와 산으로 뒤덮여 있음을 발견했다. 산은 심지어 높이도 가늠할 수 있었다. 또 은하수의 확산구름이 맨눈으로는 볼 수 없는 무수한 별들로 이루어진 것도 확인했다. 갈릴레이는 1610년 초 최초로 목성의 위성들을 관측했고, 위성들이 목성 주위를 돈다는 사실도 알아냈다. 발견자 갈릴레이를 기리기 위해 나중에 이 위성들에 '갈릴레이의 위성들'이라는 이름이 붙었다. 지구 이외의 행성 주위를 도는 물질을 최초로 관측한 사실은 지구중심설을 반박하는 논거였다. 태양흑점을 두 번에 걸쳐 관측하던 갈릴레이는 금성의 위상 변화를 발견하고, 코페르니쿠스의 태양중심설의 열렬한 옹호자가 된다. 그리고 결국 이로 인해 고초를 겪게 된다.

갈릴레이가 목성의 위성들을 발견한 것도 천체망원경 덕이었다. 위의 사진은 그가 직접 기록한 위성들의 순환 일지다.

알고 넘어가야 할 과학 지식

천체망원경에는 빛을 포착해 정확한 한 지점(초점)으로 모아 주는 렌즈(대물렌즈)가 달려 있다. 대물렌즈의 지름이 클수록 빛을 더 많이 수집하므로 더 상세히 볼 수 있다. 망원경을 통해 사물을 보려면 초점 앞에 더 작은 접안렌즈를 장착해야 하는데, 이 접안렌즈가 대물렌즈가 풀어낸 영상을 확대한다. 갈릴레이는 당대에 완전히 새로웠던 이런 도구들의 개념을 정확히 이해하고 능숙하게 사용할 줄 알았다.

오늘날 망원경의 가장 큰 반사거울은 구경 10미터이다. 2020년에는 유럽에 구경 40미터짜리 망원경이 등장하리라고 한다.

천체망원경은 몇 세기에 걸쳐 거듭 개량되었다. 특히 하나의 볼록렌즈였던 대물렌즈가 서로의 결점을 보완하는 두 개의 렌즈로 대체됨으로써 한결 선명한 영상을 얻게 되었다. 19세기 말에는 구경 1미터짜리 망원경도 등

현대 천체망원경의 구조. 원리는 갈릴레이 시대와 똑같다.

망원경은 어떻게 작동할까?

대물렌즈를 사용하는 굴절망원경과는 달리 반사망원경은 반사거울을 사용해 빛을 수집한다. 반사거울은 오목거울이라 빛을 초점을 향해 집중시킨다. 반사망원경에는 주거울(주경) 외에도 작은 보조 거울(부경)이 있다. 주경이 반사한 빛을 부경에서 다시 반사해 옆면에 있는 접안렌즈를 통해 관측하는 것이 뉴턴식 망원경, 주경이 반사한 빛을 부경에서 다시 반사하되 주경의 거울 중심에 뚫린 구멍을 통과시켜 관측하는 것이 카세그레인식 망원경이다.

장했다. 혹 기회가 있으면 프랑스 파리의 뫼동 천문대의 망원경을 보러 가기 바란다. 구경 83센티미터인 이 망원경은 세계에서 가장 큰 망원경들 가운데 하나이다. 그런데 이보다 더 큰 망원경 제작은 불가능하다. 유리가 너무 무거워지면 그 자체의 무게로 변형되기 때문이다. 그러므로 늘 더 큰 망원경을 원하는 전문가와 천문학자들에게 20세기에 등장한 해결책이 반사망원경이다. 더 정확히 말하면 몇 세기 전 뉴턴이 발명했지만 이때까지 잠잠히 방치되어 있던 망원경이다. 똑같은 지름이라면 반사망원경의 반사거울이 굴절망원경의 대물렌즈보다 훨씬 가볍고, 결과적으로 더 큰 망원경을 제작할 수 있다.

세계에서 가장 큰 망원경들

이름	거울	장소
초거대망원경	구경 8.2미터짜리 거울 네 개	체로파라날봉(칠레)
거대쌍안망원경	구경 8.4미터짜리 거울 두 개	그레이엄 산(미국 애리조나)
그랑 텔레스코피오 카나리스	구경 10.4미터	라 팔마섬 (에스파냐 카나리아 제도)
켁망원경 1호	구경 9.8미터	마우나케아(하와이)
켁망원경 2호	구경 9.8미터	마우나케아(하와이)
남아프리카 공화국 대형망원경	구경 9.8미터	서덜랜드(남아프리카 공화국)

실험

목성의 위성들이 어떻게 움직이나 알아보자

갈릴레이의 크고 작은 발견들은 그가 만든 적절한 배율의 천체망원경들이 있었기에 가능했다. 사실 달구덩이, 목성의 위성들, 금성의 표면은 맨눈으로 구별하기에는 너무 작다. 그래도 실제로는 거의 종이 한 장 차이라 할 수 있다. 다시 말해 15배 배율만으로도 갈릴레이가 최초로 목격했던 멋진 세계를 얼마든지 발견할 수 있다는 소리다. 이 실험에서는 갈릴레이의 가장 중요한 관측 가운데 하나를 재현해 보자. 즉 목성의 위성들이 어떻게 움직이나 알아 보자. 목성의 위성들은 매우 작은 데다 목성에서 너무 가까워 망원경 없이는 보기 힘들다. 대신 천문애호가들의 저배율 망원경으로도 반드시 관측할 수 있다. 그럼 시작해 볼까?

준비물

- 구경 50밀리미터에서 60밀리미터의 작은 망원경
- 배율 15배×30배의 접안렌즈
- 플라네타륨 소프트웨어(예를 들어 스텔라리움) 혹은 천체력
- 손전등(밤에 그림을 그릴 수 있을 정도의 약한 불빛이면 된다)
- 흰 종이와 연필
- 그림 그릴 때 받침대가 될 만한 물건(탁자 혹은 표지가 딱딱한 그림책)

1 무료로 제공되는 스텔라리움 같은 천체력 소프트웨어로 목성이 언제, 밤 하늘 어디쯤에서 보이는지 확인하자.

역주 스텔라리움 홈페이지(http://www.stellarium.org)에서 한글판을 내려받을 수 있다.

스텔라리움

스텔라리움 같은 소프트웨어를 이용하면 천체 관측이 한결 수월해진다. 화면 왼쪽의 도구 상자에서 시계를 클릭해 목성을 관측할 날짜와 시간을 결정하자. 아래 그림은 2016년 4월 17일 23시를 예로 들었다. 이 시각에 목성이 남쪽 하늘에 뚜렷이 나타나고, 달이 목성과 아주 가까이 있음을 확인할 수 있다. 도구 상자 속의 나침반을 클릭하면 관측 장소도 선택할 수 있다. 또한 작은 돋보기를 클릭해 관측하고 싶은 천체의 이름만 입력하면 손쉽게 그 천체를 찾을 수 있다. 이 밖에도 많은 요소를 원하는 대로 조정할 수 있다.

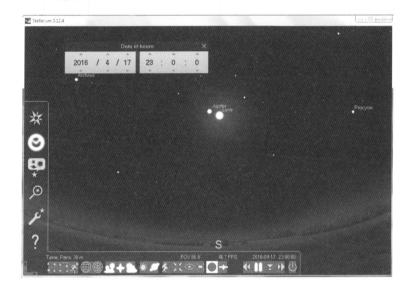

2 목성이 잘 보이는 날, 배율 15배×30배의 천체망원경으로 하늘을 보자. 노란색 빛을 내는 원반이 나타날 텐데 이것이 목성이다.

3 원반 여기저기, 동일선상에 분산된 빛나는 작은 점 몇 개를 찾아보자. 이것이 위성들이다.

4 빛나는 점이 몇 개인지 헤아려 보자. 대개 네 개일 텐데, 위성들이 목성 앞이나 뒤에 있을 때는 잘 안 보인다. 그러니까 아무리 찾아도 한두 개가 안 보일 수도 있다.

5 정확히 스케치를 하면서 위성들의 위치를 확인하자.

6 매일 저녁 위성들의 이동을 기록했던 갈릴레이처럼 여러분도 지속적으로 스케치를 할 수 있다. 스케치를 비교해 보면 위성들이 목성의 이쪽저쪽으로 이동만 할 뿐 결코 멀어지지 않는다는 사실이 확인될 것이다. 바로 위성들이 목성 주위를 돌고 있다는 증거이다.

7 갈릴레이보다 시간을 덜 들이면서 효율적으로 관측하려면 하루 저녁 동안 위성들의 움직임을 몇 번에 걸쳐 기록해도 된다. 최소한 두세 시간 동안, 매 시간 스케치를 반복하자. 행동이 빠른 위성들은 분명히 이동했을 테니, 끈기를 발휘한 보람을 반드시 느낄 것이다.

목성의 위성 조사

장소 :   관측자 이름

날짜 :

도구 :

배율 :

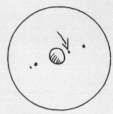

시간 :   시간 :

시간 :   시간 :

목성의 위성들

목성에서 가장 가까운 위성은 '이오'라 불린다. 이것은 거대한 목성의 주위를 이틀이 채 가기 전에 한 바퀴 돈다. 그 다음 위성이 '유로파'인데, 사흘 반에 걸쳐 돈다. 가장 큰 위성은 '가니메데'인데, 일주일에 걸쳐 돈다. 마지막으로 '칼리스토'는 16일에 걸쳐 일주를 마친다. 이 네 위성을 동시에 식별하기는 거의 불가능하다. 어쨌거나 꼼꼼한 관찰을 계속하면 위성들의 속도 차이를 확인할 수 있다.

20

갈릴레이가
태양중심설을 옹호하다

현대의 과학 연구 방식

1 610년대에 갈릴레이는 스스로 만든 망원경들로 하늘을 정밀하게 관측한다(〈400년 전, 갈릴레이가 망원경으로 하늘을 관측하다〉를 볼 것). 그가 목성의 주위를 위성들이 돌고 있다는 사실을 발견하자 당시 여전히 대세였던 지구중심설은 주춤했다.

같은 해가 끝날 무렵, 금성을 관측하던 갈릴레이는 놀라운 새 사실을 발견한다. 금성도 달과 비슷한 위상 변화를 보였던 것이다. 갈릴레이는 이로써 금성이 태양 주위를 돌고, 태양중심설만이 타당하다고 확신했다.

갈릴레이는 지구중심설을 지지하는 사람들을 자극하지 않으려고 신중하게 행동했다. 하지만 코페르니쿠스의 이론(〈500년 전, 코페르니쿠스가 태양중심설을 내세우다〉를 볼 것)에 호의적인 그의 관측은 결국 비판을 사게 된다. 실험과 관찰을 토대로 과학을 연구한 갈릴레이의 방식은 그의 적수들, 그러니까 적절한 논거 없이 무조건 아리스토텔레스의 권위에만 의존하던 사람들의 화를 더욱 돋우었다.

교회도 갈릴레이의 편을 들어주지 않았다. 태양중심설은 가톨릭 교리에 대한 도전으로 여겨졌다. 새로 교황에 오른 위르뱅 8세는 실은 갈릴레이의 친구였지만, 갈릴레이는 태양중심설이 그저 하나의 가설일 뿐이라고만 했지 큰 목소리로 주장하지는 못했다.

1632년 출간한 〈두 우주체계에 관한 대화〉에서 갈릴레이는 태양중심설과 지구중심설이라는 두 가설을 제기했다. 그는 훌륭한 논거를 들어 태양중심설을 옹호하고 지구중심설의 허점을 지적했다. 교황은 배신감을 느꼈다. 1년 후 갈릴레이는 종교 재판에서 유죄를 선고받고, 자신의 주장을 굴욕적으로 철회할 수밖에 없었다. 결국 사형은 면했지만 죽을 때까지 피렌체를 벗어나지 말라는 선고를 받았다. 갈릴레이는 연구를 계속했고, 마지막에는 거의 눈이 멀었다. 안전한 태양 필터 없이 줄기차게 태양을 관측한 탓이었다. 한편 로마 교회는 무려 4세기가 흐른 후에야 갈릴레이에 대한 종교 재판이 잘못되었다는 것을 인정했다.

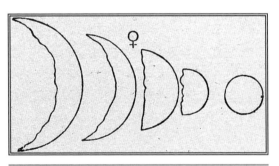

갈릴레이는 금성의 위상 변화를 정확한 그림으로 남겼다. 금성의 위상 변화는 그에게는 태양중심설이 타당하다는 중요한 증거였다. 십자가가 밑에 달린 동그라미가 사랑과 풍요의 여신인 비너스(금성)를 나타낸다.

금성의 위상 변화는 금성이 태양 주위를 돈다는 사실과 분명히 관계가 있다. 그런데 지구보다 태양에 더 가까이 있는 행성은 대부분 우리 눈에 위상 변화를 보인다. 1630년에는 호르텐시우스가 수성의 위상 변화를 발견했다. 이 행성들이 지구에 대해 태양의 다른 편에 있을 때 지구의 관측자는 밝은 면 전체를 볼 수 있다. 이때를 망(보름)이라 하는데, 거리가 멀어서 아주 작게 보인다. 한편 행성들이 태양이 있는 쪽으로 오면 더 커 보이는 대신 밝은 부분이 점차 우리한테서 등을 돌린다. 그러므로 초승달에 해당할 때는 행성의 모습을 볼 수 없다.

금성은 지옥이다!
금성은 태양과 달 다음으로 밝은 천체이다. 이렇게 밝은 원인은 특히 금성의 대기가 태양빛을 잘 반사하는 두툼한 흰 구름으로 이루어졌기 때문이다. 금성은 썩 좋은 환경이 아니란 걸 기억해 두자. 금성의 흰 구름은 수증기가 아니라 황산으로 이루어졌다(그러니까 금성에 비가 내린다면 산성비가 틀림없다). 게다가 온실효과로 인해 기온은 무려 460도다. 한마디로 지옥 수준이랄까.

금성은 225일에 걸쳐 태양 주위를 한 바퀴 돈다. 그런데 지구도 공전 궤도 위를 나아가므로 우리가 하늘의 같은 자리에서 금성을 다시 보는 데는 시간이 더 많이 걸린다(약 580일). 수성은 조금 더 빠르지만 태양과 너무 가까워 위상 변화를 관찰하기가 한결 어렵다.

결론을 대신해 이런 상상을 해 보자. 언젠가 인류가 화성에 가는 날

이 온다고 하자. 화성에서는 망원경으로 수성과 금성의 위상 변화뿐만
아니라 지구의 위상 변화도 관측
할 수 있다. 태양과 화성 사이에
있는 다른 천체들과 마찬가지로
지구도 화성에서 보면 위상 변화
를 드러낼 테니까. 지구가 초승
달처럼 보이는 광경을 보고 싶으
면 몇 백 년 후 화성에 가 보자.
물론 망원경도 꼭 챙겨서.

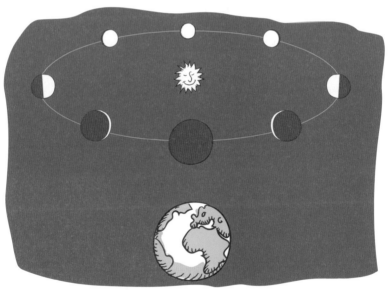

지구에서 보면 금성은 위상 변화를 드러낸다.
이 현상이 행성들이 태양 주위를 돈다는 사실을 완벽하게 설명해 준다.

실험

금성의 위상 변화를 관측하자

갈릴레이의 수많은 관측은 우주를 보는 우리의 시각을 크게 바꾸었다. 이를테면 금성의 위상 변화 발견은 코페르니쿠스의 태양중심설에 힘을 실어 주었다. 작은 천체망원경만 있으면 관측은 전혀 어렵지 않다. 그리고 도전할 가치가 있다. 마치 하얀 달의 축소판처럼 어느 때는 초승달 같고 어느 때는 하현달 같은 금성의 모습을 발견하는 일은 놀라운 경험이 될 것이다.

준비물

- 구경 50밀리미터에서 60밀리미터의 작은 망원경
- 배율 30배×60배의 접안렌즈
- 천체력 소프트웨어(예를 들어 스텔라리움) 혹은 천체력
- 흰 종이와 연필
- 그림을 그리기 위한 받침대(표지가 딱딱한 그림책도 괜찮다)

주의!

금성은 해가 저물 무렵이나 새벽에만 볼 수 있다. 금성을 보려면 지평선이 탁 트여야 한다.

1 금성은 매우 밝게 빛나므로 초보 관찰자도 쉽게 찾아낼 수 있다. 해가 지고 한 시간쯤 지나면 낮은 서쪽 하늘에서 눈부시게 하얗게 빛나는 별처럼 보인다. 또 새벽에는 동쪽 하늘에서, 해 뜨기 약 한 시간 전에 볼 수 있다.

금성

석양

서쪽

2 더 엄밀한 관측을 위해 스텔라리움 같은 천체력 소프트웨어를 이용해 금성이 어느 시기에 제일 잘 보이는지 확인해 두자.

3 하늘에서 밝게 빛나는 금성을 발견하거든 망원경을 그쪽으로 향하자. 밤을 기다릴 필요는 없다. 금성이 너무 밝아지면 접안렌즈 속에서 반사광을 만들어 관측에 오히려 방해가 된다.

> 금성이 나타날 지평선(저녁에는 서쪽, 새벽에는 동쪽)이 훤히 트였는지 미리 확인해 두자. 관측 날 건물이나 나무가 시야를 가리면 애석할 테니까.

4 위상 변화의 어느 단계에 있느냐에 따라 금성 관측은 우리를 감동시킬 수도 있고 실망시킬 수도 있다. 사실 금성이 망(보름)의 단계라면 우리 눈에는 아주 조그만 원반만 보인다. 반면 금성이 반달 상태, 혹은 운이 좋아 초승달 상태라면 정말 멋진 모습을 볼 수 있다.

5 금성의 위상 변화가 끊임없이 일어난다는 사실을 기억하자. 마침 시기가 썩 좋지 않아 관측 결과가 실망스럽다면 몇 주에 걸쳐 실험을 반복하자. 400년 전 갈릴레이처럼 위상 변화를 그림으로 그리면서 끈기 있게 변화를 살펴보자.

금성의 위상 변화 조사

장소 :   관측자 이름

날짜 :

도구 :

배율 :

날짜 :

날짜 :

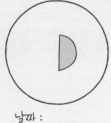
날짜 :

날짜 :

목동의 별 금성

먼 옛날부터 금성은 '목동의 별'이라 불렸다. 금성의 밝은 빛이 고대의 목동들에게 길잡이가 되었던 것이리라. 하지만 금성은 어디까지나 별이 아니라 행성, 그것도 태양빛을 풍부히 반사함으로써 매우 밝게 빛나는 행성이란 사실을 기억하자.

21

350년 전

호이겐스가
토성고리를 발견하다

태양계에서 가장 아름다운 행성

토성고리는 태양계에서 가장 아름다운 광경이다. 무인 우주탐사선도 감동적인 영상을 보내오지만, 천문애호가들의 작은 망원경으로도 얼마든지 마음을 사로잡는 영상을 볼 수 있다. 그런데 토성고리의 정체가 확실하게 밝혀진 것은 망원경이 발명되고도 약 반 세기가 흐른 뒤였다.

갈릴레이는 1610년부터, 천체망원경을 충분한 배율로 확대하면 행성들이 작은 원반처럼 보이는 것을 발견했다. 어떤 행성은 특히 흥미로운 모습을 보였다. 이를테면 금성은 달처럼 위상 변화를 보였다. 토성은 원반 양쪽에 괴상한 잎사귀 두 개가 달려 있었다. 갈릴레이는 이것이 손잡이 아니면 귀라고 생각했다. 그는 왜 이것이 고리라는 사실을 알아보지 못했을까? 이유는 간단하다. 토성이 태양 주위 어디쯤 있느냐에 따라 고리 모양이 우리 눈에 다르게 보이는 탓이다. 고리는 때때로 넓게 열리거나 닫힌다. 그리고 닫혔을 때는 잘 보이지 않는다. 갈릴레이가 최초로 고리를 본 것은 공교롭게도 닫혀서 잘 보이지 않을 때였다. 나중에 더 알맞은 각도에서 관측하기는 했지만 갈릴레이는 이 물질의 정체를 끝내 알 수 없었고 결국 토성고리의 진정한 발견이라는 업적을 다른 사람에게 넘겨주었다.

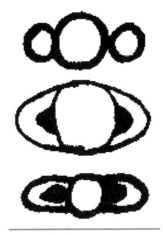

갈릴레이는 1610년부터 토성고리를 관측했지만 그 정체는 알지 못했다. 그로부터 약 50년 후 호이겐스가 올바른 설명을 내놓았다.

그 다른 사람이 바로 네덜란드 과학자 크리스티안 호이겐스이다. 1629년에 태어나 1695년에 세상을 떠난 그는 한동안 프랑스에서 살았다. 그는 많은 학문 분야에서 중요한 진보에 공헌했다. 물리학에서는 빛이 파동이라는 사실을 증명했다. 수학에서는 계산 방식을 개량했다. 천문학에서는 주목할 만한 여러 발견을 해냈다. 그는 특히 쌍성에 흥미를 품었고, 오리온성운의 중심을 상세히 연구했다(그 결과 오리온성운에는 그의 이름이 붙는다). 하지만 제일 유명한 업적은 토성 관측이다. 호이겐스는 스스로 발명한 접안렌즈를 장착한, 당시로서는 고성능 망원경을 제작하게 했다. 1655년 이 망원경으로 토성을 관측했을 때 그는 확신했다. 토성을 둘러싸고 있는 것은 이름

크리스티안 호이겐스

다운 고리가 틀림없었다. 호이겐스는 이때 토성의 가장 큰 위성 타이탄
도 발견했다.

20년 후 프랑스 천문학자 장 도미니크 카시니가 토성고리는 하나
가 아니라 여러 개로 이뤄진 체계라는 사실을 밝혀냈다. 카시니는 주요
고리들 사이에 어두운 틈이 있다는 것도 발견했다. 이것이 '카시니 간
극'이다.

토성고리는 대체 무엇이고, 왜 기울기가 변화할까? 토성이 고리를 지닌 유일한 행성은 아니다. 사실 토성 같은 가스 거성은 모두 고리를 지닌다. 하지만 토성의 고리는 태양계를 통틀어 단연코 가장 아름다우며 지구에서 유일하게 관측할 수 있다. 고리의 직경은 몇 십만 킬로미터나 되니까 거의 지구와 달 사이의 거리에 해당한다. 그런데도 면도날처럼 섬세해, 두께는 100미터가 채 되지 않는다. 토성고리는 무수히 많은 작은 얼음과 먼지 덩어리로 만들어졌다. 줄무늬 같은 숱한 홈이 패여 있고 그 안에서 조그만 자갈 하나도 찾을 수 없다. 특히 이 유형의 가장 넓은 지대가 지구에서도 잘 보이는 카시니 간극이다(1675년 천문학자 장 도미니크 카시니가 발견해 이런 이름이 붙었다). 고리의 표면적은 어마어마하지만 토성의 진짜 위성들에 비교하면 무게가 썩 많이 나가지는 않는다. 고리를 구성하는 덩어리를 전부 한 자리에 모아 붙이면 지름이 100킬로미터쯤 될 것이다. 타이탄의 지름이 5,000킬로미터인 데 비하면 아주 작은 수치이다.

> 토성고리의 기원에는 두 가지 가설이 있다. 첫째, 과거에 토성과 너무 가까이 접근한 위성 하나가 토성이 행사하는 힘 때문에 작은 덩어리로 변했다. 둘째, 고리를 구성하는 작은 물질들이 끝내 응집하지 못함으로써 위성이 되지 못했다.

우리가 늘 똑같은 각도에서 고리를 보는 것은 아니다. 토성의 자전축이 태양계의 면에 대해 기울어져 있기 때문이다(지구도 마찬가지이다. 〈2,300년 전, 피테아스가 지구의 기울기를 측정하다〉를 볼 것). 그 결과 토성이 궤도의 어디쯤을 나가고 있느냐에 따라 우리 눈에 보이는 토성의 모습도 달라진다. 고리는 조금씩 열려, 최대로 열렸다가, 다시 닫힌 다음에는

토성의 신상명세서
지름 : 12만 250킬로미터
     (지구의 약 10배)
고리들의 지름 : 30만 킬로미터 이상
질량 : 지구의 95배
나이 : 45억 년
자전 주기 : 10시간 33분
태양까지의 거리 : 13.5억 킬로미터
에서 15.1억 킬로미터
공전 주기 : 29.5년
겉보기등급 : −0.2에서 +1.5(지구까
지의 거리와 고리들의 기울기에 따
라 달라진다)

다른 방향으로 또 열리기 시작한다. 고리가 열리기 시작해 다시 닫힐 때까지의 주기는 30년인데, 토성이 태양 주위를 한 바퀴 도는 데도 30년이 걸린다. 갈릴레이는 고리가 상당히 닫힌 상태에서 관측하는 바람에 그 정체를 확실히 밝힐 수 없었다. 고리가 완전히 옆모습을 보일 때는 현대의 최신 망원경으로도 관측하기 어렵다.

토성고리는 토성 주변 궤도상의 무수한 작은 얼음 덩어리로 이루어졌다.

실험

망원경으로 토성을 관측하자

난이도

작은 망원경으로도 토성고리를 완벽하게 관측할 수 있다. 우선 놀라운 광경 앞에서 느긋하게 감동을 느껴 보자. 그런 다음 토성과 토성고리에 대해 더 자세히 알아보자. 끈기를 발휘해 한 해 동안 토성고리의 기울기가 변화하는 모습을 확인하는 것도 좋다.

준비물

- 구경 50밀리미터에서 60밀리미터의 망원경(물론 더 큰 것도 괜찮다)
- 배율 50배×100배의 접안렌즈
- 스텔라리움 혹은 천체력
- 손전등(밤에 그림을 그릴 수 있을 정도의 약한 불빛이면 된다)
- 그림을 그릴 때 받침대가 될 만한 물건(탁자 혹은 표지가 딱딱한 그림책)

> **주의!**
> 토성고리는 15년에 한 번씩 옆모습을 보여 주는데 이때는 관측이 어려워진다. 갈릴레이도 마침 이때 관측하는 바람에 고리를 알아보지 못했다. 2025년에도 이런 일이 일어날 것이다.

1 천체력 소프트웨어에서 토성을 언제, 하늘 어디쯤에서 볼 수 있는지 확인하자. 토성은 맨눈으로 보면 살짝 노란 빛이 감돌고, 행성들이 그렇듯이 빛을 내지 않는다. 해가 바뀔 때마다 토성은 하늘에서 천천히 장소를 옮긴다.

2 토성이 잘 보이는 날을 기다려 망원경으로 관측하자. 50배×100배 배율의 접안렌즈를 장착한다. 이 배율이면 토성고리를 놓칠 리가 없다. 토성 주위를 둘러싼 고리들을 들여다보노라면 이 미세한 체계가 진정으로 우주 공간에 떠 있다는 느낌이 든다. 아름다운 광경을 충분히 감상했으면 이제 몇 가지 세부 사항을 조사해 보자.

③ 우선 토성의 밝은 노란색을 확인한다. 이때 살짝 어둡게 보이는 지대를 주의 깊게 찾아보자. 찬찬히 보면 구체의 평평한 부분을 발견할 텐데, 이는 토성이 빠른 속도로 자전하는 데서 비롯한다.

④ 이제 고리들을 관찰하자. 고리는 대부분 얼음 덩어리로 이루어졌기 때문에 거의 흰색으로 보인다. 배율을 100으로 확대해 보자. 고리들이 폭 넓게 열려 있을 때라면 아마 고리들 내부에 깊게 팬 검은 부분이 보일 것이다. 이것이 카시니 간극이다. 토성이 '충(衝, 지구를 중심으로 외행성이 태양과 정반대의 위치에 오는 시각 또는 그 상태)'에서 멀리 벗어나 있을 때는 고리들에 비친 토성의 둥근 그림자를 볼 수 있다.

고리들에 비친 토성의 그림자
어두운 띠
카시니 간극

지구보다 태양에서 멀리 있는 행성들(즉 수성과 금성을 제외한 행성들)은 지구에 대해 태양의 정반대쪽에 자리 잡을 수 있다. 이것을 '충(衝)'이라 한다. 행성들이 지구와 제일 가까워지는 때가 바로 이 순간이다. 이때는 행성들이 가장 밝게 보이고, 망원경에서도 제일 크게 보인다. 게다가 밤새도록 볼 수 있다.

⑤ 해가 지나면서 고리들의 기울기가 바뀌는 모습을 계속 추적할 수도 있다. 고리들이 어느 정도 열려 있는지를 나타내는 데 특히 주의하면서 그림을 그려 보자.

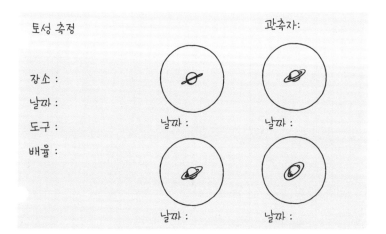

토성 측정

관측자 :

장소 :
날짜 :
도구 :
배율 :

날짜 :

날짜 :

날짜 :

날짜 :

22

300년 전

핼리가 혜성이
돌아오리라 예측하다

핼리 혜성

옛날 사람들은 혜성을 '꼬리 달린 별'이라 부르면서 두려워했다. 아무도 이 별의 성질을 알지 못했기 때문이다. 하지만 뉴턴이나 핼리 같은 과학자는 혜성이 다른 행성들처럼 단순히 태양 주위를 도는 천체임을 이해했다. 실제로 대부분의 혜성은 규칙적인 간격으로 우리를 찾아온다. 특히 유명한 것이 76년에 한 번씩 찾아오는 핼리 혜성이다.

아리스토텔레스는 혜성이 지구와 달 사이에서 일어나는 대기 현상이라고 생각했다. 사실 고대인들이 믿었던 '고정 불변'의 천구에서는 그어떤 새로운 현상도 일어날 수 없었기에 혜성도 손님 별도 용납되지 않았다. 교회의 지지를 얻은 이런 우주관은 르네상스 시대가 되어서야, 특히 독일 천문학자 티코 브라헤 덕에 다시 검토되었다. 1572년 티코 브라헤는 몇 달 동안 계속 눈에 띄는 새 별을 관측한다. 이 별이 다른 별들과 비교해 내내 자리를 바꾸지 않은 걸로 보아 붙박이별들의 천구에 속한다고 티코 브라헤는 생각했다. 그렇다면 붙박이별들의 천구 또한 사람들이 굳게 믿어온 것처럼 '고정 불변'은 아니리란 것이 그의 결론이었다. 5년 후인 1577년, 거대한 혜성이 지나감으로써 하늘의 불변성이라는 개념이 허물어졌다.

이 시기부터 혜성이 활발히 연구되었다. 혜성에 흥미를 품은 과학자들 가운데 에드먼드 핼리(1656-1742)라는 영국인이 있었다. 그가 프랑스에 머물 때 장 도미니크 카시니라는 천문학자가 똑같은 혜성이 하늘을 여러 번 지나갈 수 있다는 가설을 일러 주었다. 핼리는 고대 혜성들의 통과에 관한 옛 기록을 열심히 분석하기 시작했다. 그러는 한편으로 그의 친구였던 뛰어난 과학자 아이작 뉴턴과 더불어 혜성이 다른 행성들처럼 태양 주위에서 타원궤도를 지닌다는 사실을 증명해 냈다.

갔다가 다시 올 거야…

에드먼드 핼리

핼리의 연구는 마침내 결실을 맺는다. 거듭된 조사와 계산을 통해 그는 1531년, 1607년, 1682년의 혜성이 실은 똑같은 별이고, 태양 주위를 76년에 걸쳐 일주한다는 확신을 얻은 것이다. 〈혜성 천문학 총론〉에서 핼리는 1758년 성탄절에 이 혜성이 돌아오리라고 완벽히 과학적인 방식으로 예측했다. 물론 핼리 자신은 그 광경을 목격할 수 없을 터였다. 그러려면 102세까지 살아야 했으니까. 어쨌든 혜성은 예측된 날짜, 예측된 시간에 모습을 드러냈다. '핼리'라는 이름이 붙은 이 혜성은 태양계에서 제일 유명한 방랑자가 되었다.

16세기부터 혜성이 많은 관심 속에서 관측되었다.
핼리는 옛 관측 기록을 샅샅이 뒤져 어떤 혜성들은 주기적으로 되돌아온다는 사실을 알아냈다. 위 그림은 1618년 혜성이 독일 아우크스부르크의 상공을 지나는 장면이다.

알고 넘어가야 할 과학 지식

혜성의 주성분은 대개 태양계의 끝에 살고 있던 몇 킬로미터에 걸친 눈 같은 먼지 덩어리다. 때때로 이 덩어리들 가운데 하나가 궤도에서 벗어나 태양 주변으로 몸을 덥히러 온다. 이 물질이 빛을 내기 시작하면서 혜성이 탄생한다. 온도가 올라가면서 수증기가 빠져나오고, 얼음 속에 갇혀 있던 먼지가 느슨해진다. 풀어진 먼지가 깃털 장식 같은 혜성 꼬리를 만든다. 혜성은 매우 밝은 빛을 낼 수 있고, 멋진 꼬리를 펼쳐 하늘을 가로지를 수 있다.

아직 거대 혜성을 한 번도 보지 못했다고? 인내심을 갖고 기다리자. 현재 예상으로는 남반구 주민들이 21세기의 거대한 두 혜성을 볼 수 있다고 한다. 북반구 주민들한테도 반드시 기회가 올 것이다.

태양 주위에서 타원궤도를 지니는 혜성들은 규칙적으로 지구를 찾아온다. 이것들이 이른바 주기혜성이다. 이밖에 그냥 한 번만 지나가는 혜성들도 있다.

핼리 혜성은 정체가 밝혀진 최초의 주기혜성이다. 과학자들은 핼리 혜성이 스무 번쯤 통과한 흔적을 발견했다. 가장 오래 전에 목격된 것이 기원전 611년 중국에서였다. 837년에는 지구와 아주 가까운 곳을 눈에 띄게 통과했다. 프랑스 샤를르마뉴 대제의 아들 '경건왕' 루이 1세는 이 혜성이 자신의 죽음을 알리는 불길한 전조라고 여겼지만 실제로는 아무 일도 일어나지 않았다. 1066년 노르만족의 잉글랜드 정복 때 통과한 혜성도 널리 알려져 있다. 이때의 혜성은 프

핼리 혜성이 마지막으로 지구를 방문한 것은 1986년이었다. 다음번 방문은 2061년 여름이다!

1986년, 유럽의 탐사선 지오토 호가 핼리 혜성과 접근했다. 그 덕분에 천문학자들은 핼리 혜성의 얼음 핵을 직접 관측할 수 있었는데, 크기는 15×8×8킬로미터, 모양은 땅콩과 비슷했다. 먼 옛날부터 태양과 스친 탓에 핵의 표면은 석탄보다 새까맸다.

1986년 3월, 핼리 혜성

랑스 노르망디 바이외 지방 특유의 바이외 벽걸이에 그려져 전해진다. 혜성들의 정체가 밝혀지면서 사람들의 흥미도 차츰 수그러들었지만, 혜성 관측은 언제나 멋진 구경거리이다.

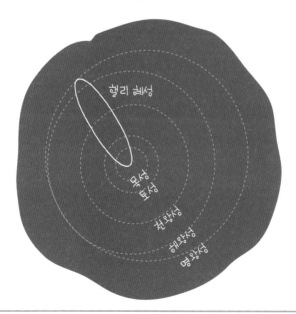

뉴턴이 확립한 만유인력법칙을 토대로 핼리는 자신의 이름이 붙을 이 혜성의 궤도를 추산했다. 이 그림은 핼리 혜성의 타원궤도를 보여 준다(먼 행성들의 궤도는 점선으로 나타냈다).

실험

미니 혜성을 만들자

앞으로 몇 해 동안 아름다운 혜성들이 기습적으로 찾아올 것이다. 그러니까 천체 관찰을 계속하면서 다음번 방문객을 놓치지 말자. 혹 그 혜성이 상당히 밝은 빛을 낸다면 도시에서도 관측할 수 있을 것이다. 북반구 주민들이 목격한 최근의 혜성은 1997년 헤일밥 혜성이다. 그렇다고 다음번 거대 혜성이 찾아올 때까지 무료한 시간을 보낼 필요는 없다. 부엌에서 미니 혜성을 만들어 가스를 제거하는 실험을 해 보자.

준비물

- 냉동실
- 얼음 용기
- 작은 냄비
- 구멍이 뚫린 뚜껑(있으면 좋지만 없어도 된다)
- 조리대

> **주의!**
> 실험하는 동안 냄비와 조리대는 매우 뜨거워진다. 조리대를 절대 만지지 말고, 냄비는 반드시 손잡이를 붙잡자.

1 얼음 용기에 물을 채워 냉동실에 넣는다. 한 나절쯤 지나 얼음이 완성되면 다음 단계로 넘어가자.

2 지름 15센티미터 이하의 냄비를 준비한다. 이것이 미니 혜성의 핵 역할을 할 것이다.

3 조리대에 빈 냄비를 올리고 센 불로 5분쯤 예열한다(필요하다면 어른의 도움을 받자. 불조심!)

4 냉동실에서 얼음 용기를 꺼낸다. 얼음을 전부 틀에서 꺼내 우묵한 그릇에 옮긴다.

5 뜨거워진 냄비에 얼음 하나를 던져 넣으면 미니 혜성이 만들어지기 시작한다. 혹 뚜껑이 있거든 곧바로 뚜껑을 덮고 관찰하자. 작은 얼음에서 만들어진 수증기의 양을 특히 주의 깊게 살펴보자. 똑같은 양의 물이 수증기일 때보다 고체일 때 부피가 훨씬 작다는 사실을 알게 될 것이다(사실 모든 분자가 이런 성질을 지닌다).

> 구멍 뚫린 뚜껑이 꼭 필요한 것은 아니지만 혜성에서 관측되는 가스 분출의 효과를 한결 극적으로 보여 준다.

6 혜성의 핵이 내뿜던 수증기가 멈춘 순간 이번에는 얼음을 한 주먹 넣어 보자. 미니 혜성의 요란한 가스 제거 광경을 목격할 수 있다. 냄비를 만지지만 않으면 위험하지 않다.

7 얼음이 프랑스 파리나 마르세유 정도의 크기일 때 이와 똑같은 일이 일어난다고 상상해 보자. 이것이 진짜 혜성의 핵이다.

혜성이 승화한다고?!

우주 공간의 온도는 대단히 차갑고 기압은 거의 0에 가깝다. 그 결과 지구에서는 전혀 볼 수 없는 현상이 일어난다. 예를 들어 액체 상태의 물은 우주에 존재하지 않는다. 그러므로 혜성의 핵도 얼음이 녹으면서 즉각 기체로 변한다. 이것을 승화라고 한다.

23

230년 전

허셜이
쌍성을 이해하다

영원히 맺어진 별들

윌리엄 허셜(1738-1822)은 독일 태생의 음악가로, 영국으로 옮겨 가 살면서 혼자 힘으로 천문학을 열심히 연구했다. 그 결과 1781년 천왕성을 발견했다. 천왕성은 맨눈으로 찾아내기에는 너무 흐 릿한 행성이다. 오랜 세월 동안 행성은 지구를 포함해 여섯 개라 여겨 왔지만 허셜의 발견으로 태양계의 경계선이 연장되었다. 허셜은 여기서 멈추지 않았다. 그는 누이 캐롤라인의 도움에 힘입어 수많은 성단, 성 운, 그리고 쌍성을 발견했다. 그는 이 천체들을 주의 깊고 규칙적으로 관측해 그 성질을 이해하고, 당대의 천문학 지식을 발전시켰다.

쌍성의 정체를 최초로 밝혀낸 이는 이탈리아 천문학자 지오바니 바 티스타 리치올리(1598-1671)이다. 1650년 그는 큰곰자리의 미자르가 매 우 가까이 있는 두 별로 이루어졌다는 사실을 알아냈다. 한편 허셜도 스스로 제작한 망원경으로 관측한 결과 100여 개에 이르는 쌍성의 목록을 만들었다. 그는 몇 년의 간격을 두고 관측을 계속해 일부 쌍성이 마치 한 별이 다른 별의 주위를 도는 것처럼 천천히 변화했음을 확인했다. 뉴턴의 이론을 떠올린 허셜은 두 별이 중력으로 서로를 잡아 두는 것이리라 추론했다. 이 별들의 운동은 서로 손을 잡은 채 제각각 회전하는 두 스케이터와 비슷하다(이때 스케이터의 팔이 중력의 힘이라고 보면 된다).

이 최초의 발견은 곧바로 허셜의 두 번째 발견이자 한결 중요한 발견으로 이어진다. 그때까지는 모든 별의 밝기가 똑같고, 겉보기등급(〈2,200년 전, 히파르코스가 별들을 밝기에 따라 분류하다〉를 볼 것)의 차이는 오로지 거리(더 정확히 말해 대단히 멀고, 그래서 지금까지는 측정 불가능했던 거리)하고

만 연관이 있다고 여겨졌다. 그런데 쌍성을 이루는 두 별은 서로 매우 가까우므로, 지구에서 거의 같은 거리에 있는 셈이다. 허셜이 주목한 두 별의 밝기가 때때로 크게 다른 걸로 보아(하나는 밝고, 다른 하나는 덜 밝은 경우도 많다) 결론은 명백했다. 결국 별들은 전부 똑같은 강도로 빛나지는 않는다.

허셜의 우주망원경

알고 넘어가야 할 과학 지식

쌍성은 허셜이 만들어 쓴 용어로, 중력에 의해 이어진 한 쌍의 별을 말한다. 이것을 '물리적' 쌍성이라 한다. 그런데 단순한 시각 효과로 인해 가까이 있는 것처럼 보이는 쌍성도 있다. 이것을 '광학적' 쌍성이라 한다.

> 거문고자리의 엡실론은 맨눈으로도(물론 시야를 가리는 장애물이 없을 경우) 쌍성임을 알아볼 수 있지만, 아직 공전 주기를 밝혀내지 못한 쌍성의 좋은 예이다.

현대의 관측 방법을 동원해도 쌍성이 진짜로 한 쌍을 이루는지 아닌지 늘 간단히 알 수 있는 것은 아니다. 두 별이 서로 멀리 떨어져 있을 때는 더욱 어렵다. 중력의 법칙에 따르면 두 별이 멀리 있을수록 이것들이 중력중심 주위를 도는 데 시간이 더 걸린다. 어떤 쌍성은 너무 떨어져 있어, 관측을 시작한 이래 꿈쩍도 하지 않는 것처럼 보이기도 한다. 이런 경우는 두 별이 중력으로 이어져 있는지 여부를 여전히 알 수 없다.

윌리엄 허셜과 누이 캐롤라인

한 쌍성의 두 별 사이의 거리는 전형적으로 지구와 태양 사이 거리의 몇백 배이다. 그러므로 두 별이 공전하는 데는 몇 세기가 걸린다. 그런데 너무 가까이 붙어 있어 광학적으로는 도저히 알아낼 수 없는 쌍성도 있다. 천문학자들은 이런 별이 있다는 사실을 분광기 덕분에 알게 되었다. 이런 별을 분광쌍성이라 한다. 분광쌍성의 공전 주기는 불과 며칠이다. 말하자면 두 별이 하도 가까워(이를테면 수성과 태양보다 더 가깝다) 서로 물질도

분광기가 별들의 스펙트럼 속 검은 선을 발견하게 해주었다(〈200년 전, 프라운호퍼가 분광학을 개발하다〉를 볼 것). 분광쌍성의 경우 이 선들이 두 별의 운동으로 인해 진동하는 것을 볼 수 있다. 아래 그림이 이 현상을 설명해 준다.

교환할 수 있다는 소리다. 두 별의 공전 궤도면이 마침 관측자의 시선 방향에 놓여 식 현상을 일으킬 수도 있는데 이런 경우를 식변광성이라 한다(〈3,000년 전 이집트인들이 변광성을 알아보다〉를 볼 것).

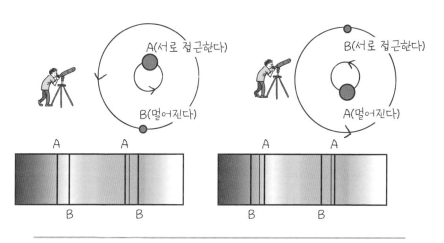

분광쌍성의 발견 원리 : 별의 스펙트럼 속 띠들은 주기적으로 서로 멀어진다.
두 별이 중력중심 주위를 회전하기 때문이다.

실험

맨눈으로 쌍성을 관측하자

대부분의 별은 쌍성이지만 지구에서 너무 멀리 떨어져 있어 대개 그 구성요소는 고성능 망원경을 통해서만 구별할 수 있다. 쌍성을 맨눈으로 분리 관찰할 수 있으려면 첫째, 두 별이 충분히 떨어져 있어야 하고, 둘째, 지구에서 상대적으로 가까워야 한다. 큰곰자리의 쌍성 알코르와 미자르가 이런 경우이다. 맨눈으로 두 별을 식별해 보자. 게다가 망원경을 사용해 두 별을 더 자세히 들여다보면… 아마 깜짝 놀랄 일이 여러분을 기다리고 있을 것이다.

준비물

- 잘 트인 북쪽 지평선
- 이 실험 코너에 실린 지도
- 있어도 되고 없어도 되는 것 : 작은 천체망원경

1 늘 북쪽 하늘을 지키는 큰곰자리를 찾아내자. 큰곰자리의 북두칠성은 냄비 혹은 수레처럼 보여 쉽게 찾을 수 있고, 지평선 밑으로 사라지는 일이 절대 없다(《2,300년 전 헤라클레이데스가 지구가 도는 것을 발견하다》의 실험 2번을 볼 것).

2 우선 미자르를 찾아내자. 냄비 자루 한가운데 있는 밝은 별이다.

3 알코르는 미자르 바로 옆에 있다. 미자르보다 네 배 희미한 이 별을 찾아내려면 밤이 깊어야 하고 시력도 좋아야 한다. 혹 망원경이 있다면 주저 없이 사용하자.

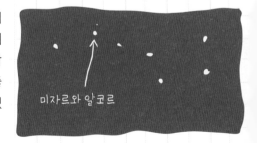

미자르와 알코르

4 두 별을 찾아냈는가? 그렇다면 거의 성공이다! 두 별의 각거리는 보름달의 3분의 1에 해당한다. 알코르와 미자르의 진짜 거리는 약 0.5광년으로 매우 큰 편이다. 그 결과 두 별이 실제로 중력에 의해 이어져 있다는 증거는 최근에야 얻었다.

> 쌍성의 **각거리**는 두 별 사이의 겉보기 각도이다. 겉보기각도는 두 별 사이의 실제 거리가 멀수록, 그리고 이 쌍성이 지구에서 가까울수록 더 크다.

5 맨눈으로는 미자르와 알코르의 관측을 더 진전시킬 수 없다. 그러니까 작은 망원경이 있으면 그걸로 관측해 보자. 약 100배 배율로 맞추고, 두 별 중 더 밝은 미자르에 집중하자. 초점만 잘 맞추면 미자르 자체도 아름다운 쌍성임을 알아볼 수 있다. 미자르를 이루는 두 별 사이의 거리는 지구-태양 거리의 200배에 해당한다.

미자르(아래쪽)와 알코르를 100배 배율의 망원경으로 관측한 모습

미자르, 역사적 쌍성!

지구에서 80광년 떨어진 알코르와 미자르는 최근에야 진정한 쌍성으로 인정되었다. 사실 미자르 자체도 두 개의 별로 이루어졌는데, 1889년 미국 천문학자 피커링이 이 두 별 중 하나가 분광쌍성임을 최초로 밝혀냈다. 얼마 후 미자르의 나머지 한 별도 역시 분광쌍성임이 드러났다. 이런 예가 많은 걸로 보아 태양이 홀몸인 데 반해 대부분의 별은 짝을 이루어 살아간다고 할 수 있다.

24

200년 전

프라운호퍼가
분광학을 개발하다

별들의 빛을 분해하다

태양의 스펙트럼을 본 사람들도 있을 것이다. 바로 무지개다. 무지개의 색깔은 빗방울이 태양의 흰 빛을 분해해서 생긴다. 그런데 무지개는 금방 사라지는 데다 색깔도 너무 넓게 펼쳐져 있어 태양의 구성성분과 성질에 대한 정확한 정보를 끌어내기는 어렵다. 이런 정보는 분광기라는 도구를 이용해 얻을 수 있다. 분광기는 18세기에 프라운호퍼가 빛의 분해 원리를 토대로 발명한 도구이다.

요제프 폰 프라운호퍼(1787-1826)는 독일 물리학자이자 거울 제조인이었다. 가난한 집에서 태어난 그는 겨우 11살 때 거울 제조인 견습생으로 일을 시작했다. 어느 날 그가 살던 낡은 집이 무너져, 어린 그를 제외한 주민 전원이 목숨을 잃었다. 프라운호퍼도 결국 39세에 결핵으로 세상을 떠났다. 그는 일찍 세상을 떠났지만 많은 발견에 공헌했다.

17세기 뉴턴 이래 프리즘을 이용해 빛나는 물체의 빛을 분해할 수 있다는 사실이 알려졌다. 프리즘을 써서 물체의 스펙트럼을 얻

을 수 있다는 소리다. 이를테면 무지개는 빗방울이 작은 프리즘 역할을 해서 생긴다. 프라운호퍼는 이 현상에 흥미를 품고 스펙트럼을 얻게 해주는 도구를 개발하기 시작했다. 그것이 분광기다. 그는 처음에는 하나의 프리즘을 사용했지만, 이내 분해 능력을 높이기 위해 가느다란 평행선들을 무수히 새긴 유리판(어려운 말로는 '회절격자'라 부른다)을 이용하게 되었다. 프라운호퍼는 이 기술을 별들의 연구에 적용함으로써 천체물리학이라는 학문 분야를 개척했다.

프라운호퍼는 태양의 스펙트럼 속에서 수많은 검은 선을 관찰해 그것들의 위치(파장의 길이)를 측정했다. 그의 업적을 기려 이 검은 선을 프라운호퍼선이라 부른다. 분광학은 나아가 지구에 존재하는 물질들의 화학 성질을 밝히는 데도 이용되었다(《알고 넘어가야 할 과학 지식》을 볼 것). 물리학자들은 지구에 존재하는 원자들이 별들의 대기 속에서도 발견된다는 사실을 알게 되었다. 이를테면 소듐은 태양의 스펙트럼 속에도 있지만 그 밖의 많은 화합물 속

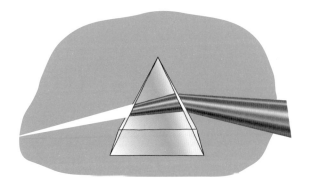

에도 들어 있다(식탁 소금은 염화나트
륨이다). 그런데도 지구상의 원자들
과 우주의 원자들을 연관 짓는 연
구가 곧바로 이루어진 것은 아니

었다. 마침내 1868년, 프라운호퍼가 세상을 떠난 후 프랑스 천문학자
피에르 장센(1824-1907)이 식이 진행되는 사이 태양대기의 스펙트럼 속
에서 그때까지 지구에 알려진 어떤 기체에도 해당하지 않는 새로운 선
을 발견했다.

우주에서 수소 다음으로 풍부한 이 원소가 헬륨이다(그리스어 '헬리오
스'는 태양을 뜻한다). 지구에서 아주 적은 양이나마 헬륨의 존재가 발견된
것은 그로부터 30년이 지난 후다.

프라운호퍼는 스스로 제작한 분광기를 이용해
태양 스펙트럼 속의 350개 흑선을 관찰했다.

알고 넘어가야 할 과학 지식

별의 스펙트럼 속 검은 선은 그 별의 대기가 흡수 필터로 작용함에 따라 만들어진다. 사실 별 표면(광구) 자체는 균일한 빛 스펙트럼을 지니고, 별의 색깔은 단순히 온도에 달려 있다(<120년 전, 헤르츠스프룽이 별들의 색깔을 이해하다>를 볼 것). 별 표면 위에서 별 대기의 원자들이 제각기 그 원자에 특유한 파장의 빛을 흡수한다. 그 결과 검은 선이 있는 스펙트럼이 생긴다. 흡수스펙트럼이라 불리는 이것이 별의 정보를 알려준다. 우리가 직접 별 가까이 가서 견본을 채취할 수는 없으므로, 분광학은 앞으로도 별들의 구성성분을 알려주는 유일한 수단이 될 것이다.

최초로 성운의 스펙트럼들을 얻어 낸 천문학자들은 이것들이 매우 새롭다는 사실에 놀랐다. 이 스펙트럼들은 고립된 몇 개의 밝은 띠로 구성되었을 뿐이었다. 이것이 방출스펙트럼이다. 한 종류의 가스는 정확히 같은 장소에 스펙트럼 띠들을 지니는데, 이 띠는 흡수 시에는 어둡고 방출 시에는 빛을 낸다. 그러므로 천문학자들은 이미 알려진 가스의 스펙트럼과 성운의 스펙트럼을 비교해 구성성분을 밝혀낼 수 있었다. 그런데 처음 보는 원소의 스펙트럼 띠가 이내 드러났다. 새로운 원소를 발견한 줄 알았던 과학자들은 그보다 앞서 태양에서 발견된 '헬륨'을 본떠 이것을 네불륨이라 불렀다. 하지만 이 밝은 띠가 지구와는 조건이 전혀 다른 우주에 존재하는 산소 원자의 특별한 기호일 뿐이라는 사실이 드러남으로써 수수께끼가 풀렸다.

성운은 가스와 먼지로 이루어진 구름이다. 성운이 빛나는 원인은 대개 형광 현상 때문이다. 성운의 원자들은 이웃 별의 강렬한 빛에 촉발되어 빛을 낸다.

분광학은 매우 가까이 붙은 쌍성의 연구(〈230년 전, 허셜이 쌍성을 이해하다〉를 볼 것), 그리고 멀리 있는 별들 주위의 행성을 찾는 데도 활용된다. 1995년 오뜨 프로방스 천문대에서 다른 별 주위의 궤도에 있는 최초의 행성을 발견했는데 여기에도 분광학 기술이 이용되었다.

뜨거운 물질 앞에 있는 모든 가스는 그 가스의 화학 성질에 고유한 흡수 띠를 만들어 낸다. 그러므로 별의 대기를 분석할 때와 똑같은 방식으로 지상의 화합물도 분석할 수 있다. 간단히 말해 연구 대상인 고체나 액체를 제각기 뜨거운 물질 앞에서 태우거나 증발시키기만 하면 된다. 프라운호퍼 시대에 이 뜨거운 물질은 대개 촛불이었다. 분광학은 오늘날에도 물질의 화학 성질을 분석하는 데 폭넓게 활용된다. 태양계 행성을 탐사하는 무인 우주탐사선에 늘 분광기가 장착되는 것도 이 때문이다.

수소의 방출스펙트럼

수소의 흡수스펙트럼

한 원소(여기서는 수소)의 띠들은 방출스펙트럼(위)에서도 흡수스펙트럼(아래)에서도 똑같은 위치에 있다.

실험

분광기를 만들자

이번 실험에서는 분광기를 만들어 보자. 너무 어려울 것 같다고? 전혀 그렇지 않다. 골판지 상자와 CD만 있으면 된다. 직접 만든 분광기로 집에 있는 전구부터 거리의 가로등까지, 빛을 내는 모든 물체의 스펙트럼을 시각화해 분석할 수 있다. 그럼 진짜 물리학자가 된 기분을 느껴 보자.

준비물

- 골판지 상자
- 필요 없게 된 CD
- 전기 기술자들이 주로 쓰는 검은색 스카치테이프
- 연필과 잘 드는 가위

> CD에는 가느다란 평행의 골이 패여 있다. 이것이 프라운호퍼가 분광기에서 프리즘을 대신하기 위해 발명한 회절격자 역할을 한다.

1 길쭉한 골판지 상자를 준비한다. 15×15×30센티미터 정도 크기면 적당하다. 너무 작아서 CD가 들어가지 않아도 고민할 필요는 없다. 잘 드는 가위로 CD의 한 귀퉁이를 잘라 내면 된다.

2 그림처럼 상자 뒤쪽의 세로 덮개 면에 CD의 반사면이 밖을 향하도록 양면테이프로 붙인다.

3 이 면을 약 45도가 되게 접는다. 멋대로 움직이지 않도록 테이프로 고정시키는 것이 좋다.

4 상자의 앞쪽 면에 높이 약 3센티미터, 넓이 5밀리미터의 작은 네모를 CD와 같은 쪽에 그린다. 이 사각형 크기에 맞춰 종이를 오려 내자. 경계선이 똑바르지 않아도 괜찮다.

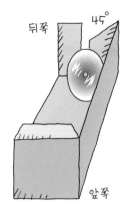

5 검은색 테이프를 약 5센티미터 길이로 두 조각 자른다. 이것을 서로 평행이 되게 배치해 사각형 문이 딱 1밀리미터에서 2밀리미터 정도만 열리도록 붙인다. 이렇게 해서 생긴 좁은 틈이 분광기의 중요한 부분이다.

6 CD의 맞은편 면에 한 변이 약 6센티미터인 사각형을 그린다. 가위로 사각형을 잘라 내 창문을 만든다. 이 창문을 통해 CD에 나타나는 스펙트럼을 관찰할 수 있다.

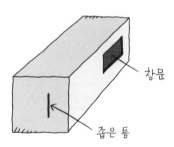

7 이제 여러분의 분광기가 완성되었다. 시험 삼아 아무 전구나 관찰해 보자. 분광기를 제대로 다루고, CD의 빛나는 면에 나타나는 전구의 스펙트럼을 관찰하는 데 익숙해지려면 시간이 필요하다. 곧 무지개처럼 펼쳐진 색깔이 보일 것이다.

분광기에 어느 정도 익숙해지면 거리의 가로등을 관찰해 보자. 제일 흔한 나트륨 전구 스펙트럼에서는 오렌지색 부분 속의 빛나는 띠들을 볼 수 있다. 물론 다른 전구들의 방출 띠도 얼마든지 재미난 관찰 대상이다.

25

180년 전

베셀이 별들의 거리를 측정하다

광년의 거리에 있는 별들

밤 하늘의 별들은 너무 멀리 떨어져 있어 아무리 고성능 망원경을 통해 봐도 그저 반짝이는 점처럼 보인다. 오랜 세월 동안 과학자들에게 별들은 복잡한 연구 대상이었다. 이들이 별들의 거리, 온도, 구성성분 같은 정확한 물리적 성질을 알지 못했기 때문이다.

약 200년 전 독일 천문학자이고 수학자인 프리드리히 빌헬름 베셀 (1784-1846)이 마침내 한 별과 지구 사이의 거리(다시 말해 '지극히 먼' 거리)를 밝혀냈다. 오랫동안 별들은 수수께끼 같은 존재였다. 심지어 일부 문명에서는 별들이 둥근 하늘에 뚫린 구멍이고, 이 구멍을 통해 그 너머에 있는 천상의 빛이 떨어져 내린다고 믿었다. 그리스인들은 고정 불변의 천구에 별들이 붙박여 있다고 생각했다.

이런 우주관을 바꾸기 위해, 그리고 별들 사이의 거리를 측정하기 위해 천문학자들은 고대로부터 이른바 '시차'를 이용했다. 시차의 원리를 이해하려면 이런 실험을 해 보자. 한쪽 눈을 감고, 팔을 뻗어 히치하이크를 하는 사람처럼 엄지손가락을 쳐든다. 이 엄지손가락의 위치를 더 멀리 있는 물체(물건도 좋고 나무도 좋다)와 비교해 잘 기억해 둔다. 움직이지 말고, 감았던 눈을 뜨고 다른 눈을 감는다. 멀리 있는 물체와 비교해 여러분의 엄지손가락이 그새 이동했음을 알게 될 것이다. 별들의 시차도 이 원리를 토대로 한다. 여러분의 두 눈이 지구 궤도상의 두 반대 지점(이를테면 여름과 겨울)이라 상상하고, 엄지손가락이 가까운 별, 그리고 멀리 있는 물체가 한참 뒤의 별들이라 상상하자. 계절이 바뀌면 우리 눈에는 멀리 있는 별들에 비해 가까운 별들이 움직인 것처럼 보일 것이다.

그런데 고대 그리스 시대부터 르네상스 시대까지, 과학자들이 아무리 열심히 관찰해도 별이 이동한 흔적은 좀처럼 찾을 수 없었다. 이 때문에 지구가 움직이지 않는다는 주장은 더욱 힘을 얻었다. 제아무리 가까운 별들이라 해도 사실은 지구에서부터 엄청나게 먼 거리에 있다. 따

오른쪽 눈을 감았을 때

왼쪽 눈을 감았을 때

라서 시차를 이용해 판단할 수 있는 겉보기이동은 지극히 미미하다. 1838년 베셀이 당대의 가장 훌륭한 도구를 사용해 마침내 별 하나가 아주 미미하게 이동한 사실을 밝혀냈다. 바로 백조자리 61번 별

이다. 기하학 계산 결과 지구와 이 별 사이의 거리가 무려 약 100조 킬로미터(11광년)임이 드러났다. 드디어 진정한 규모를 드러낸 어마어마한 별들의 세계 속에서 태양계는 그야말로 아주 작은 크기였다. 예를 들어 태양계의 마지막 행성인 해왕성은 지구에서 겨우 4광시 떨어져 있다. 가장 가까운 별 즉 4광년 떨어진 센타우루스자리 프록시마별보다 약 1만 배 더 가깝다는 소리다.

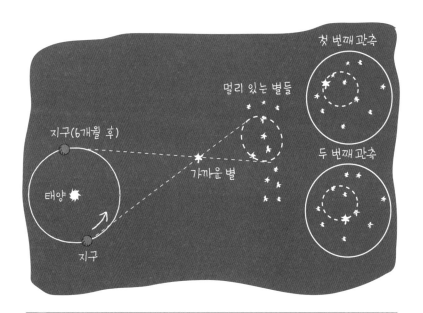

지구가 태양 주위를 돌기 때문에, 가까운 별들은 먼 별들에 비해 작은 원을 그리며 한 해 동안 도는 것처럼 보인다. 이 원의 지름을 이용해 별들까지의 거리를 추산할 수 있다.

알고 넘어가야 할 과학 지식

오늘날 비교적 가까운 별들의 거리를 알아내는 데는 시차를 이용한다. 6개월 간격을 두고 위치를 비교하는 이 방식은 지구가 공전 궤도 위에서 6개월 후에는 반대 위치에 놓이는 원리를 이용한 것이다. 1990년대 초 히파르코스 인공위성은 이런 방식으로 가까운 별들 약 100만 개의 위치를 정확하게 밝혀냈다. 100만 개라면 매우 많은 것처럼 들리지만 실은 우리 은하에 있는 1,000억 개의 별에 비하면 아무것도 아니다. 하지만 너무 먼 거리의 경우 그나마 시차 측정도 불가능해지므로, 별들의 거리를 알려면 다른 방법을 써야 한다.

우리 은하의 규모에 비추어 별들의 거리를 재는 일은 대개 특정한 별의 관측으로부터 출발한다. 이 특정한 별이 세페이드변광성이다. 하늘에서 거리 측정의 기준별 역할을 하는 세페이드변광성은 우리 은하 전역과 구상성단, 심지어 다른 은하에서도 관측할 수 있다. 에드윈 허블도 세페이드변광성을 이용해 우리 은하의 거대한 이웃인 안드로메다은하(〈90년 전, 허블이 우주의 팽창을 발견하다〉를 볼 것)의 거리를 밝혀냈다.

구상성단은 10만 여 개 별들의 경이로운 집결이다. 별들은 공 모양을 이루며 모여 있는데, 공의 지름은 몇 십 광년을 넘지 않는다. 이 밀집군의 중심에 있는 별들 사이의 거리는 매우 가까워 일부는 서로 들이받을 수도 있다.

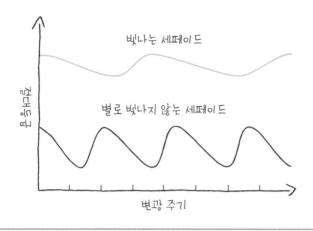

세페이드변광성은 밝게 빛날수록 변광 주기가 길다.
이 특성을 이용해 별들의 거리를 정확히 산출할 수 있다.

어쨌거나 세페이드변광성은 비교적 가까운 은하 안에서만 보인다. 그런데 은하는 전 우주의 경계선인 약 130억 광년의 거리까지 가득 차 있다(이에 비하면 백조자리

세페이드변광성의 변광 주기(두 극대 혹은 극소 광도 사이의 간격)는 이 별의 밝기와 연관되어 있다(〈3,000년 전, 이집트인들이 변광성을 알아보다〉를 볼 것).

61번 별의 11광년은 대수롭지 않게 보인다). 천문학자들은 먼 은하들의 거리를 추산하기 위해 은하의 스펙트럼을 활용한다(〈200년 전, 프라운호퍼가 분광학을 개발하다〉를 볼 것). 은하가 멀리 떨어져 있을수록 스펙트럼의 빛은 빨강을 향해 옮겨 간다. 이것을 '적색이동'이라 한다.

어떤 별이 지구에서 매우 빨리 멀어질 때 그 별의 스펙트럼이 적색(장파장)을 향해 옮겨 가는 현상을 **적색이동**이라 한다. 이 현상은 특히 멀리 있는 은하에서 눈에 띈다.

실험

3D 별자리 모형을 만들자

별들은 평평한 밤하늘에 흩뿌려진 것처럼 보이지만 실제로 별들의 거리는 제각각이다. 별자리를 이루는 별도 예외가 아니다. 사실 별자리는 서로 아무 관계도 없는 별들의 모임이기 때문이다(〈7,000년 전, 메소포타미아인들이 별자리를 고안하다〉를 볼 것). 제일 잘 알려진 별자리 가운데 하나인 카시오페이아자리의 3D 축소 모형을 만들어 이를 증명해 보자.

준비물

- 고무찰흙(고무찰흙 대신 종이를 조그맣게 뭉쳐 사용해도 된다)
- 꼬치구이용 나무 꼬챙이
- 스티로폼 판(DIY 용품 전문점에서 쉽게 살 수 있다)
- 신발 상자
- 흰색 A4 용지 두 장
- 양면테이프

1 카시오페이아자리는 잘 알려졌듯이 더블유(W) 모양의 밝은 별 다섯 개를 포함한다. 지름이 최대 2밀리미터에서 3밀리미터의 작은 고무찰흙 공 다섯 개로 이 별자리를 재현해 보자. 혹 색깔 찰흙이라면 세 개는 파란색, 나머지는 노란색과 오렌지색을 써서 실제 별들과 비슷하게 만들자. 물론 전부 똑같은 색도 괜찮은데, 이때는 되도록 밝은 색이 좋다.

2 흰색 A4 용지를 한 장 준비한다. 종이의 짧은 면을 따라 오른쪽 위 귀퉁이로부터 각각 5.3센티미터, 9.0센티미터, 11.7센티미터, 15.2센티미터, 17.0센티미터에 점을 다섯 개 표시한다.

③ 아래 그림처럼 반대편 한가운데 점을 하나 찍는다. 이 점에서 맞은편의 다섯 점을 향해 얇은 선을 긋는다. 이때 얻어진 바퀴살 모양으로 퍼지는 직선 다섯 개가 카시오페이아자리의 다섯 별의 방향이다.

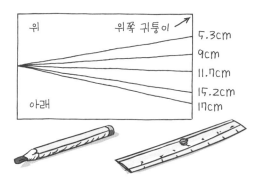

④ 직선들의 접점을 기준으로 이 별들의 거리를 표시해 보자. 3D 모형이 완성된 후 구멍을 뚫어 카시오페이아자리를 보게 될 이 접점이 지구에 해당한다. 그림을 참조하면서 맨 위 직선부터 아래로 차례차례 20.5센티미터, 5센티미터, 27.5센티미터, 11.5센티미터, 2.75센티미터 지점에 표시를 한다.

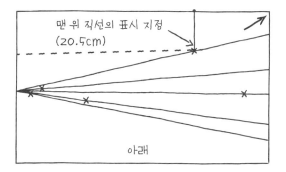

⑤ 두께 약 1센티미터의 스티로폼 판을 A4 용지(21센티미터×29.7센티미터) 크기에 맞춰 네모나게 자른다. 표시가 된 종이를 스티로폼 판 위에 양면테이프로 붙인다.

6 나무 꼬챙이를 7.2센티미터 길이로 잘라, 끝에 찰흙 공(색깔 찰흙이면 파란색)을 붙인다. 이 나무 꼬챙이를 맨 위 직선의 표시된 지점에 꽂는다.

7 다른 나무 꼬챙이 두 개를 각각 6센티미터와 7센티미터 길이로 잘라, 끝에 찰흙 공(색깔 찰흙이면 파란색)을 붙인다. 이것들을 위에서 두 번째와 세 번째 직선의 표시 지점에 각각 꽂는다.

8 나무 꼬챙이를 5.6센티미터 길이로 잘라, 끝에 찰흙 공(색깔 찰흙이면 오렌지색)을 붙인다. 이것을 네 번째 직선의 표시 지점 위에 꽂는다.

9 마지막 나무 꼬챙이를 6.3센티미터 길이로 잘라, 끝에 찰흙 공(색깔 찰흙이면 노란색)을 붙인다. 이것을 제일 아래쪽 선의 표시 지점에 꽂는다.

10 신발 상자를 준비한다. 크기가 A4 용지보다 커야 하고 뚜껑은 필요 없다. 짧은 쪽의 한 내벽 한복판, 밑에서 5센티미터 지점에 약 2센티미터짜리 구멍(둥글거나 네모나거나 상관없다)을 뚫는다. 반대편 내벽에는 흰 종이를 붙여 깨끗한 배경을 만든다.

11 신발 상자 바닥에 이미 완성된 스티로폼 판을 조심해서 내려놓자. 이것으로 준비 완료다. 구멍에 눈을 갖다 대면 카시오페이아자리의 'W'가 나타날 것이다. 모형을 위에서 내려다보면 이 별자리의 다섯 별과 지구 사이의 진짜 거리를 가늠할 수 있다.

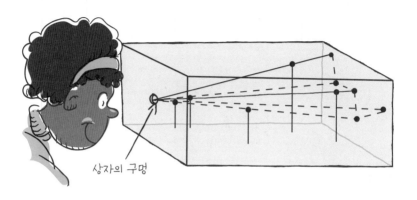

상자의 구멍

카시오페이아자리의 W 모양 별들의 진짜 크기

실제로는 각 별들의 크기 차이가 많이 나지만, 여러분이 만든 모형은 이 차이는 고려하지 않았다. 참고로 카시오페이아자리 별들의 진짜 크기를 태양 지름과 비교하면 다음과 같다. 엡실론 별(지극히 밝음. 태양 지름의 6배), 델타 별(태양 지름의 4배), 감마 별(태양 지름의 10배), 알파 별(태양 지름의 42배), 베타 별(태양 지름의 4배 이하).

26

150년 전

스키아파렐리가 별똥별의 기원을 이해하다

혜성의 먼지

별똥별은 하늘에서 갑자기 별 하나가 떨어져 나와 흘러내리는 것처럼 보이는 현상이다. 아마 8월 10일에서 13일 사이 밤하늘을 수놓는 별똥별 이야기를 들어 본 사람도 있을 것이다. 바로 페르세우스자리 유성군인데, 이 별똥별들이 전부 페르세우스자리에서 생겨난다고 해서 이렇게 불린다. 8월 10일이 가톨릭 성인 성 로랑 축일인 까닭에 '성 로랑의 눈물'이라고도 불린다.

별똥별은 한 해 중 아무 때나 하늘을 가로지를 수 있지만 관찰에 특히 유리한 시기가 있다. 8월의 페르세우스자리 유성군의 경우 시간당 열 개 정도를 헤아린다. 이처럼 많은 별똥별이 있는 경우를 유성군이라 한다. 유성군은 제법 많고, 제각기 다른 시기에 관찰할 수 있다. 가장 멋진 유성군은 뒤에 나올 실험의 끝에 정리해 두었다.

그렇다면 별똥별의 유성군은 어떻게 태어날까? 페르세우스자리 유성군의 관측 기록은 중국에서 36년부터, 유럽에서 811년부터 발견된다. 그런데도 19세기가 되어서야 이탈리아 천문학자 조반니 스키아파렐리(1835-1910)가 이 유성군의 기원을 알아낸다. 1865년 스키아파렐리는 페르세우스자리 유성군이 시작되는 장소 즉 '방사점'이 그보다 얼마 전 관측된 한 혜성과 대단히 비슷한 경로로 밤마다 이동하는 사실을 확인한다. 그 혜성이 바로 스위프트-터틀 혜성이다. 그는 페르세우스자리 유성군이 스위프트-터틀 혜성과 연관되어 있다고 결론 짓는다. 별똥별들과 혜성의 관련성은 〈알고 넘어가야 할 과학 지식〉에서 더 자세히 살펴보기로 하자.

1833년과 1866년 사자자리 유성우 덕택에 스키아파렐리와 위르뱅 르베리에는 이 유성군이 템펠-터틀 혜성과 연관되어 있음을 증명했다. 템펠-터틀 혜성은 33년에 한 번, 태양에서 가까운 곳을 통과하면서 많은 신선한 먼지를 남긴다. 다음번 사자자리 유성우는 2032년 11월로 예측된다. 놓치지 말고 꼭 봐 두자!

페르세우스자리 유성군보다 더 엄청난 장관을 보여 주는 유성군도 있다. 사자자리 유성우는 33년에 한 번, 11월에 소나기처럼 별똥별을 뿌린다. 때때로 한 시간에 10만 개의 별똥별이 떨어지기도 한다.

알고 넘어가야 할 과학 지식

별똥별은 태양계의 먼지가 지구 대기와 충돌할 때, 그 충돌 속도와 대기와의 마찰로 인해 강한 빛을 내며 연소함으로써 생기는 빛 현상이다. 그런데 지구가 태양 주위를 돌면서 혜성의 궤도와 교차할 때가 있다. 혜성이 지나가는 길에 뿌린 찌꺼기가 지구 대기와 충돌하면서 많은 양이 떨어져 나온다. 이때는 단독의 별똥별이 아닌 유성군 전체를 관측할 수 있다. 방사점은 지구(구체적으로는 초속 30킬로미터, 시속 10만 킬로미터로 궤도상에서 나아가는 지구)와 혜성 찌꺼기 지대 사이의 충돌 지점과 일치한다. 찌꺼기가 큼직해야만 별똥별이 많이 태어나는

것은 아니다. 직경 2밀리미터짜리 알갱이 하나만으로도 0등급의 아름다운 유성이 태어날 수 있다.

> **등급**은 하늘에서 별들의 밝기를 나타낸다. 등급이 클수록 별빛은 희미하다 (〈2,200년 전, 히파르코스가 별들을 밝기에 따라 분류하다〉를 볼 것).

찌꺼기가 지름 1센티미터의 조그만 조약돌 크기라도 되면 금성에 맞먹는 빛을 내뿜는다. 해마다 8월 10일, 지구는 페르세우스자리 유성군의 기원인 스위프트-터틀 혜성의 궤도와 마주쳐 지나간다.

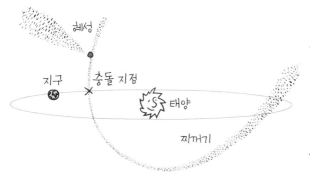

지구는 때때로 혜성이 지나가면서 남긴 먼지들이 많은 지대를 지나간다. 이때 별똥별의 유성군을 관측할 수 있다.

그렇다고 해마다 똑같은 광경이 되풀이되지는 않는다. 지구가 매번 혜성의 궤도에서 같은 장소를 지나가지는 않기 때문이다. 오늘날 천문학자들은 별똥별의 유성군의 강도를 예측하려고 애쓰고 있다. 사실 혜성이 지나가면서 남긴 보이지 않는 먼지가 어디서 퍼지는지 정확히 예견하기는 어렵다. 페르세우스자리 유성군은 유성군의 최대 활동기에 시간당 100여 개의 별똥별을 보여 준다. 하지만 이 수치에는 가장 희미한 별똥별도 포함되어 있고, 최대 활동기는 때때로 순식간에 끝나 버린다. 실제로는 시간당 열 개쯤의 별똥별을 기대하는 편이 좋다.

미국 애리조나 사막의 지름 1.2킬로미터짜리 운석 웅덩이

실험

유성진을 거두어들이자

천문애호가라면 평생 적어도 한 번은 별똥별의 유성군을 봐 두는 것이 좋다. 날짜는 실험 코너의 마지막 표에 적혀 있다. 어려운 일은 아니다. 실험 도구도 필요 없다. 그저 고개를 들고 하늘에서 은빛 화살이 쏟아져 내려오기를 묵묵히 기다리면 된다. 이런 관측과는 별도로 이 책에서는 색다른 실험을 하나 제안하려 한다. 유성군이 지나간 다음 지구에 떨어지는 유성의 먼지를 거두어들이면 어떨까? 이 먼지가 철을 풍부히 포함하므로 자석을 이용하면 된다.

준비물

- 지름 50센티미터 이상의 큼직한 대야
- 성능 좋은 자석
- 흰 종이
- 주요 유성군의 연간 주기

① 실험 코너의 마지막 표를 보고 다음번 별똥별 유성군의 최대 활동기를 확인하자. 가장 활발한 페르세우스자리 유성군, 사자자리 유성우, 쌍둥이좌 유성우, 용자리 유성군을 선택하는 것이 유리하다.

② 날짜가 가까워지면 큼직한 플라스틱 대야를 준비한다. 깨끗하고 바닥이 매끄러운 것이 좋다.

③ 최대한 성능이 좋은 커다란 자석을 준비한다. 자석은 문구점에서 손쉽게 구할 수 있다.

4 유성군의 최대 활동기가 지나가면 비가 오기를 기다리자. 유성의 먼지는 대개 천천히 지상으로 떨어지지만, 비가 오면 빗방울을 타고 훨씬 빨리 내려온다.

5 비가 쏟아지기 시작하면 곧바로 대야를 탁 트인 곳에 갖다 둔다. 비가 오는 내내(필요하다면 며칠에 걸쳐) 대야에 빗물을 받자.

6 날이 개면 대야를 실내로 가져가, 고인 물이 천천히 증발하기를 기다린다.

7 대야 바닥이 완전히 마르면 깨끗한 흰 종이로 감싼 자석으로 바닥 전체를 부드럽게 훑는다.

유성진

대기 중에서 폭발한 조금 더 커다란 찌꺼기의 잔류물이다. 여러분이 거둬들일 물질에는 틀림없이 스위프트-터틀 혜성의 구성성분이 담겨 있을 것이다. 특히 암석(규산염)과 금속(철, 니켈)이 포함되어 있으므로 자석에 달라붙는다. 증발 가능한 모든 성분 이를테면 물, 이산화탄소, 메탄은 완전히 기화되고 없을 것이다. 이 우주의 자갈은 지구 대기를 통과할 때 마찰로 인해 수천 도까지 뜨거워진다.

8 유성의 먼지가 대야에 떨어져 있다면 자석에 달라붙을 것이다. 먼지에 철이 풍부하게 포함되어 있기 때문이다. 자석을 흰 종이로 감싸면 짙은 색깔의 이 먼지를 쉽게 구분할 수 있다. 대부분 지극히 작지만 맨눈으로 보일 만큼 큰 것도 있다. 작은 돋보기로 종이를 살펴보자.

주요 별똥별 유성군의 발생 날짜

유성군	최대 활동기	방사점	시간당 별똥별 숫자
용자리	1월 3일–4일	목동자리	50–100
거문고자리	4월 21일–22일	헤라클레스	10–20
물병자리 에타별	5월 5일–6일	물병자리	5–10
페르세우스자리	8월 11일–13일	페르세우스자리	70–100
오리온자리	10월 20일–21일	오리온자리	20–30
사자자리	10월 16일–17일	사자자리	20(유동적)
쌍둥이자리	12월 12일–13일	쌍둥이자리	40–80

역주 대한민국과는 하루 정도 차이가 난다.

27

120년 전

헤르츠스프룽이
별들의 색깔을 이해하다

별의 색깔과 온도의 관계

유리 제조 공방 같은 곳에서 철이 녹을 때 붉은 빛을 내뿜는 광경을 본 사람이 있을지도 모른다. 그런데 철은 원래 빛을 내지 않고, 보통 온도에서는 붉은색도 아니다. 붉은색이 나타나는 것은 온도가 높아진 탓이다. 철을 더 가열하면 색깔은 노란색으로 바뀐다. 그렇다면 색깔과 온도는 관련이 있을까?

물질의 색깔과 온도의 관계를 이해하고 방정식화한 이는 독일 물리학자 빌헬름 빈(1864-1928)이다. 그는 이 연구로 1911년 노벨 물리학상을 받았다. 모든 물질은 온도에 따라 빛을 낸다. 이를테면 백열전구는 텅스텐 필라멘트가 전류에 의해 뜨거워지면서 빛을 낸다.

그렇다면 별들은 어떨까? 맨눈으로 볼 때 대부분의 별이 하얗게 보

청소년을 위한 코스모스 ● 237

인체도 체온이 37도이므로 빛을 낸다! 빈의 법칙에 따르면 사람은 적외선 영역에서 빛을 낸다. 다시 말해 이 빛은 우리 눈에는 보이지 않는다. 하지만 특수한 적외선 안경을 쓰면 아무리 깜깜한 밤에도 우리 몸이 빛나는 모습을 볼 수 있다.

이는 것은 밤에 사람의 시력이 떨어지기 때문이다. 대신 망원경과 분광기(《200년 전, 프라운호퍼가 분광학을 개발하다》를 볼 것)를 이용하면 색깔의 차이를 구별할 수 있다. 1910년대에 덴마크 물리학자 에즈나 헤르츠스프룽(1873-1967)이 별들의 색깔에 흥미를 품었다. 그는 별들의 색깔도 빈의 법칙을 따르는 뜨거운 물질이라는 결론을 내렸다. 그는 별들의 표면 온도가 가장 차가울 때 3,000도 이하(즉 제일 짙은 붉은색)에서 가장 뜨거울 때 1만도 이상(즉 제일 짙은 파란색) 사이에 있다는 사실을 증명했다. 헤르츠스프룽은 또 별들이 매우 뜨겁게 태어나(파란색) 일생을 통해 점차 식는다는(노란색, 그런 다음 붉은색이 됨) 주장을 내놓았다.

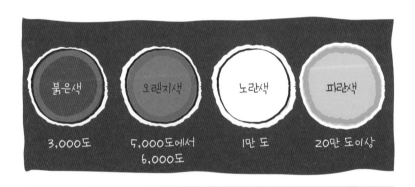

19세기 말 빈이 확립한 법칙에 따르면 별의 색깔은 온도와 직접 연관되어 있다.

알고 넘어가야 할 과학 지식

별들의 청년기부터 임종까지의 일생은 헤르츠스프룽이 개발하고 미국 천문학자 헨리 노리스 러셀(1877-1957)이 완성한 도해를 이용해 요약할 수 있다. 별들의 밝기를 각각의 온도에 따라 나타낸 헤르츠스프룽-러셀도에서 태양 같은 보통 별들은 대부분 '주계열성'이라 불리는 비스듬한 띠 안에 위치한다.

모든 별이 똑같은 크기로 태어나지는 않고 따라서 똑같은 일생을 보내지도 않는다. 어떤 별들(실은 많은 별들이 그렇다)은 태양보다 훨씬 작고 1,000억 년쯤 살 수 있다. 우주의 초기 시절에 생성된 별이라 할지라도 130억 년 전쯤이니까, 아직 인생의 시작 단계인 셈이다. 또 어떤 별들(더 드문 경우기는 하지만)은 초거성으로, 질량이 태양의 몇 십 배에 이를 수도 있고 태양의 10만 배쯤 빛을 낼 수도 있다. 게걸스런 이 별들은 비축된 에너지를 절제하지 않고 소비한다. 그 결과 기대 수명이 천만 년을 넘지 못한다. 100억

태양의 나이는 46억 살로 일생의 절반쯤을 산 상태이며, 표면 온도는 약 6,000도이다. 약 40억 년 뒤에는 태양이 다시 차가워져, 결국 적색거성으로 삶을 마치리라 짐작된다.

별들이 차가워질 때는 균형을 유지하기 위해 팽창할 수밖에 없다. 그 결과 태어날 때부터 이미 거대했던 거성들은 임종 때 어마어마한 크기가 된다. 이른바 **적색초거성**이다. 베텔게우스는 잘 알려진 적색초거성인데, 이에 관해서는 실험 때 다시 살펴보기로 하자. 크기가 태양 지름의 무려 1,000배나 되는 베텔게우스를 만일 태양계의 중심에 놓으면 화성의 궤도 너머까지 자리를 전부 차지할 것이다.

년쯤 살 수 있는 태양 같은 보통 별에 비하면 1,000배 낮은 수치이다. 이 거인들의 임종은 그야말로 장관이다. 별들은 적색초거성으로 신속히 변한 다음 임종의 순간 폭발한다(〈1,000년 전, 중국인들이 초신성을 관측하다〉를 볼 것).

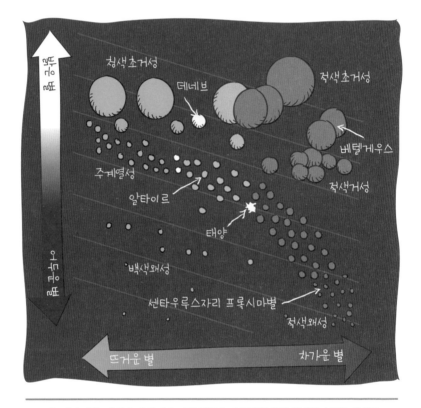

헤르츠스프룽-러셀도. 태양 같은 보통 별들은 이 도해의 왼쪽 위에서 오른쪽 아래로 비스듬하게 이어지는 주계열성의 띠 안에서 살아간다. 거성들은 그 너머에 있다.

실험

별들의 색깔을 구분해 보자

빈과 헤르츠스프룽 이래 별들의 색깔이 온도를 직접 나타낸다는 사실이 알려졌다. 파란 별은 뜨겁고 붉은 별은 더 차갑다. 둘 사이에는 흰 별과 노란 별도 있다. 그런데 맨눈으로는 이 차이를 구별하기 어렵다. 첫째, 밤에는 사람 눈이 색깔을 잘 구분하지 못하기 때문이고(특별히 밤눈이 어둡지 않아도 어둠 속에서는 사람 알아보기도 쉽지 않은 법이다), 둘째, 별들이 아주 작은 점이어서 그 빛도 너무 진하기 때문이다. 하지만 이 실험에서 살펴볼 두 별은 반드시 색깔 차이를 구분할 수 있다.

준비물

• 오리온자리를 알아보기 위한 그림

주의!

구름 없는 맑은 밤을 기다리자.

이 실험에서 선택한 별들은 겨울 내내 볼 수 있다. 달은 있어도 큰 방해가 되지 않는다. 가로등 불빛이 없는 곳이라면 도시 한복판에서도 실험할 수 있다.

1 오리온자리를 찾아보자. 중간에 '나란히 빛나는 별 세 개'가 있는 별자리이다.

2 오리온자리의 별 두 개가 이 실험의 주인공이다. 오리온자리의 오른쪽 아래에 있는 리겔, 그리고 왼쪽 위에 있는 베텔게우스.

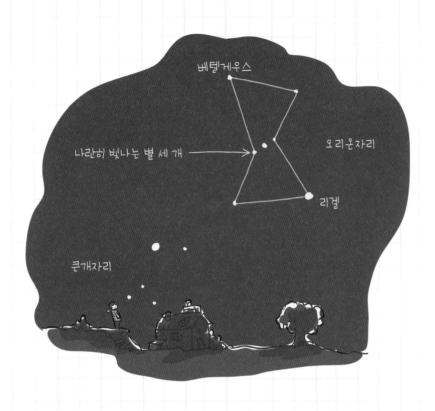

3 먼저 리겔부터 관찰하자. 리겔은 매우 빛나는 젊은 초거성이다. 푸르스름한 흰색 빛이 보이는가? 천문학자들은 이 별의 표면 온도가 1만 1,000도일 것이라 추정했다.

4 이제 베텔게우스로 옮겨 가자. 베텔게우스도 초거성이지만 임종이 가까운까닭에 리겔과는 색깔이 다르다. 이 별은 더 오렌지색을 띤다. 베텔게우스의 표면 온도는 3,000도를 넘지 않는다.

5 밤이라 잘 보이지는 않지만 어쨌든 색깔이 다른 것은 알 수 있다. 리겔과베텔게우스를 번갈아 관찰하자. 몇 번 반복하는 사이 두 별의 색깔 차이가 확연히 구분될 것이다.

거대한 별들의 빛나는 삶

리겔은 청색초거성으로 밝기가 태양의 10만 배다. 몇 백만 년 후면 베텔게우스와 비슷한 적색초거성이 될 텐데 그때는 베텔게우스가 하늘에서 사라진 뒤일 것이다. 베텔게우스는 이미 임종 단계여서 언제든지 초신성으로 폭발할 수 있다. 리겔은 지구에서 약 770광년 떨어진 곳에, 베텔게우스는 약 640광년 떨어진 곳에 있다. 리겔이 베텔게우스보다 살짝 멀리 있는 셈이다.

오리온자리에서 가까운 마녀머리성운의 먼지 구름은 리겔의 파란색 빛을 받아 빛난다.

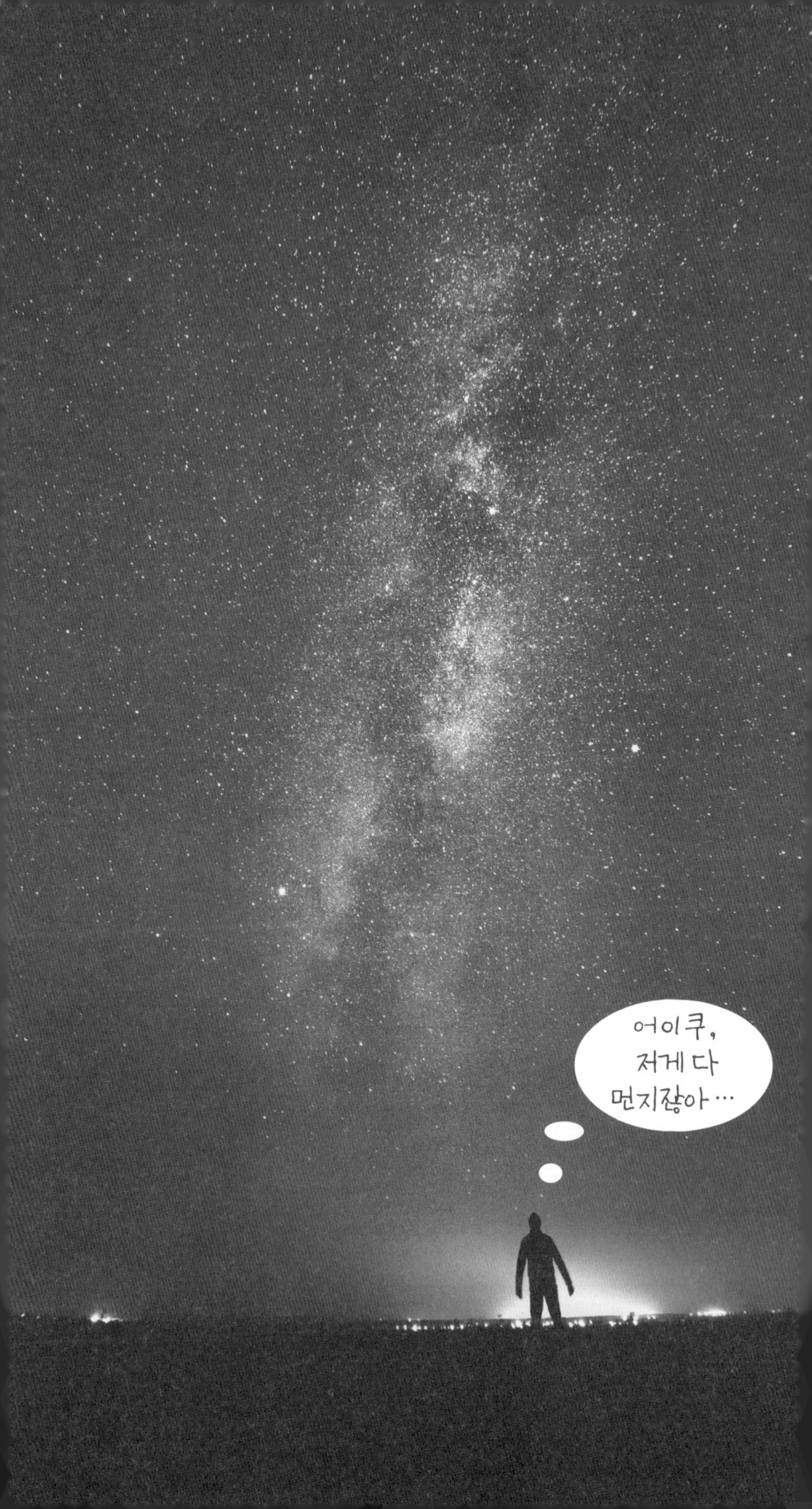
어이쿠,
저게 다
먼지잖아…

28

100년 전

바너드가 우주 먼지의
사진을 찍다

은하계의 조각품들

20세기의 새벽은 현대 천체사진술의 출현과 함께 밝았다. 1820년 무렵 발명됐던 사진판의 성능이 이 무렵 크게 개선됨으로써 천문학자들이 망원경 렌즈 너머로는 볼 수 없었던 것들을 훨씬 상세히 포착하게 되었다. 보이지 않던 세계가 마침내 모습을 드러낸 것이다.

미국 천문학자 에드워드 에머슨 바너드(1857-1923)와 동료 막스 볼프 (1863-1932)가 은하수 여기저기에 드러나는 신기하고 어두운 지대의 정체를 알아낼 수 있었던 것도 천체 사진 덕분이었다.

은하수에는 군데군데 검은 띠처럼 보이는 컴컴한 장소가 있었다. 오랫동안 과학자들은 이 컴컴한 장소에는 별이 없다고 생각했다. 영국 천문학자 윌리엄 허셜은 이런 곳들이 하늘의 구덩이라 여겼다. 바너드와

은하수는 지구가 속한 은하의 이름이다. 은하수는 하늘을 가로지르며 퍼지는 희미한 아치처럼 보인다. 이 빛은 맨눈으로 보기에는 너무 멀리 있는 별들로부터 온다. 바너드는 은하수 내에서 이런 유형의 구름 350여 개의 목록을 만들었는데, 이 구름들에는 전부 바너드의 머리글자 B를 딴 번호가 매겨져 있다. 바너드는 하늘에 자신의 이름을 가장 많이 붙인 천문학자이기도 하다.

볼프의 연구가 사실은 그렇지 않다는 것을 증명해 냈다. 사진을 찍자 어두운 큰 구름 한복판에, 맨눈으로는 볼 수 없는 희미한 별들이 드러났던 것이다. 그렇다면 이 어두운 구름의 정체는 무엇일까?

이 컴컴한 지대가 별들과 지구 사이에 가로놓인, 은하 속의 먼지 구름일지도 모른다는 생각이 바너드의 머릿속을 스친 것은 은하수 앞을 흘러가는 지구의 작은 구름들을 보면서였다. 이 은하의 구름들 너머에 별들이 숨겨져 있으리란 것이 바너드의 생각이었다. 물론 이 명석한 설명은 어디까지나 볼프와 바너드의 열정적인 공동 연구의 결실이었다.

바너드와 볼프는 은하수 속에 나타나는 어둡고 구불구불한 띠가 별이 없는 텅 빈 공간이 아니라 두툼한 먼지 구름이라는 사실을 알아냈다.

알고 넘어가야 할 과학 지식

우리 은하와 비슷한 윤곽을 그리는 먼지는 모든 은하에서 많이 발견된다. 이것들이 정확히 옆모습을 드러낼 때는 망원경으로 관측할 수 있다. 이때 은하를 따라 길게 펼쳐지는 선명한 검은 띠가 보인다. 천문학자들이 '흡수선'이라 부르는 이 띠는 수만 광년 동안 축적된 먼지로 만들어졌다. 이 검은 띠에 가로막혀 우리는 은하의 내부를 보지 못한다.

지금은 먼지가 은하들의 팔 부분을 차지하고 있지만, 먼지가 처음부터 거기 있었던 것은 아니다. 사실 먼지를 구성하는 원자들은 우선 별들 속에서 오랜 세월에 걸쳐 만들어지고, 이 별들이 임종할 때 우주 공간으로 내쫓긴다. 그런 다음 이 원자들이 천천히 모여 작은 분자들을 형성해 점차 먼지 덩어리로 굳는다. 그리고 숱한 세월이 흐르는 사이 이 먼지가 쌓여 우리 은하처럼 은하들의 팔 속에서 구름이 된다. 그런데 이 먼지는 빛을 전혀 방출하지 않는다. 그러므로 별들 앞에 드리운 그림자(이것이 바너드가 관측한 불투명한 구름이다) 혹은 흔히 '성운'이라 불리는 빛나는 가스 구름 앞에 드리운 그림자처럼 보인다. 유난히 아름다운 성운들에는 먼지가 만들어 낸 형태에 따라 이름이 붙여진 경우가 많다. 대표적인 예로 장미성운, 말머리성운, 삼엽성운, 석호성운 등이 있다.

'핵'이라 불리는 우리 은하의 중심은 지구에서 2만 6,000광년 떨어진 곳, 사수자리와 전갈자리 방향에 자리 잡고 있다. 두꺼운 먼지 장막 때문에 고성능 망원경으로도 볼 수가 없다. 시야를 가로막는 먼지 장막만 없다면 우리 은하의 핵도 눈부신 별처럼 우리 앞에 모습을 드러낼 텐데!

오늘날 천문학자들은 적외선 속을 들여다보는 도구를 사용해 이 먼지 구름 너머를 볼 수 있게 되었다. 적외선은 먼지에 잘 흡수되지 않으므로 구름 뒤의 무수한 별들의 얼굴을 드러내 주었다. 이 연구를 위해 우주 공간에 쏘아 올린 인공위성이 지구 대기 너머의 모습을 촬영해 보내 주고 있다.

말머리성운. 먼지 구름은 때때로 확산성운을 만들기도 한다.

실험

우리 은하의 먼지를 관측하자

바너드가 천체 사진을 토대로 목록을 만든 암흑성운들은 대부분 관측이 어렵다. 이 책에서는 망원경으로 이 작은 구름들을 자세히 들여다보는 것보다 한결 놀라운 실험을 제안하려 한다. 망원경도 필요 없다. 단번에 우리 은하의 먼지를 관측해 보자! 우리가 우리 은하의 안쪽에 있으므로 우리 눈에 보이는 것은 정확히 그 옆모습(흔히 말하는 은하수)이다. 〈알고 넘어가야 할 과학 지식〉에서 먼지 구름이 옆모습을 드러낼 때는 망원경으로 관측할 수 있다고 설명했다. 우리 은하의 옆모습인 은하수는 여름 밤하늘에서 맨눈으로도 볼 수 있다. 이제 관측 방법을 알아보자.

준비물

• 모든 빛 공해에서 멀리 떨어진 장소

1 은하수는 도시에서 멀리 떨어진 곳에서만 제대로 볼 수 있다. 그러니까 자연 한복판을 찾아가야 한다. 여름의 은하수는 7월에서 9월 사이 저녁에 제일 잘 보인다.

2 관측 순간에는 빛 공해는 물론이고 달도 없어야 한다. 천체력이나 스텔라리움을 통해 달위상 변화를 확인해 두자.

3 밤이 깊어지면 관측을 시작하자. 전형적으로 8월 초 자정 무렵이나 8월 말 23시 무렵이 좋다. 눈이 어둠에 익숙해지도록 적어도 10분 이상 손전등도 휴대폰도 켜지 말고 기다리자.

4 아래 그림에서 보이는 '여름의 대삼각형'을 찾아보자. 베가, 데네브, 알타이르 세 개의 빛나는 별로 구성된 이것은 여름 밤하늘의 아주 높은 곳을 통과한다. 하늘이 맑으면 여기서 우글거리는 별들을 볼 수 있다.

5 시선을 위에서 아래로 남쪽을 향해, 그러니까 데네브에서 지평선까지 훑자. 잿빛 스카프 같기도 하고 리본 같기도 한 것이 눈에 들어올 것이다. 이것이 은하수다. 이제 빛나는 긴 리본을 아래에서 위로, 다시 위에서 아래로 번갈아 훑으면서 즐기자. 은하수를 그저 바라보는 것만으로도 큰 구경거리이다. 빛 공해로 인해 갈수록 드문 일이 되어 가지만.

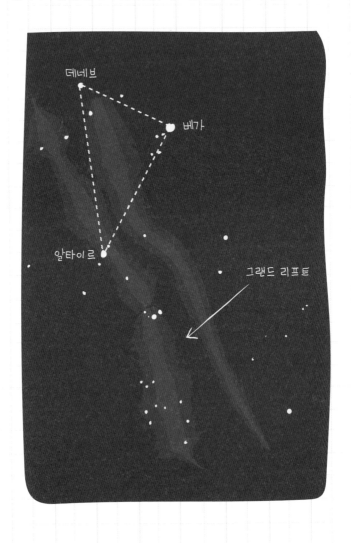

6 데네브에서 남쪽 지평선까지, 은하수가 세로로 길게, 매끈하지는 않지만 두 갈래로 갈라진 모습이 보일 것이다. 바로 우리 은하의 거대한 먼지 띠이다. 이것을 '그랜드 리프트'라 부른다.

석탄자루성운?

혹 남반구에 갈 기회가 있으면 맨눈으로 볼 수 있는 가장 아름다운 먼지 구름이 남십자자리 근처에 있다는 사실을 기억하자. 일명 석탄자루성운이다. 은하수 한복판의 이 지대가 유난히 시커멓게 보이니까, 꼭 맞는 별명이다.

우리 은하의 신상명세서

유형 : 막대나선은하

(가장 오래된 별의) 나이 : 137억 년

지름 : 10만 광년

두께 : 2,000광년

별들의 숫자 : 2,000억 개

질량 : 태양 질량의 1,000억 배

29

90년 전

허블이 우주의 팽창을 발견하다

은하들이 멀어진다

망받는 미국 천문학자였던 에드윈 허블이 세계에서 가장 고성능 망원경 그러니까 로스앤젤레스 북부의 윌슨 산 천문대에 있는 구경 2.5미터짜리 망원경을 사용해 연구할 기회를 얻은 것은 큰 행운이었다.

허블이 이 망원경으로 관측한 것들은 우주를 보는 우리의 시각을 크게 변화시켰다. 우주는 상상을 초월할 만큼 광대하다는 사실이 드러났다. 더 놀라운 점은 우주가 계속 커지고 있다는 사실이었다.

1917년 제1차 세계대전으로 인해 허블은 프랑스로 가게 되었다. 때마침 고성능 망원경이 도입된 미국의 윌슨 산 천문대에서 막 연구를 시작하려던 허블에게는 안타까운 일이었다. 다행히 허블은 2년 후 무사히 퇴역했고, 천문대 연구원의 자리도 그대로 남아 있었다. 그는 본격적으로 관측을 시작했고 곧바로 결실을 얻었다. 1922년부터 허블은 나선은하인 안드로메다은하 M31 속에서 세페이드변광성들을 관측하는 데 성공했다. 세페이드변광성은 거리 측정의 기준별 역할을 한다(〈180년

전, 베셀이 별들의 거리를 측정하다〉를 볼 것). 그는 M31이 100만 광년이라는 엄청난 거리에 있다고 결론지었다(최근의 측정에 따르면 250만 광년이다).

> **은하**는 거대한 별들의 집단으로, 다양한 유형이 있다. 우리 은하나 안드로메다은하 같은 나선은하는 지름 약 10만 광년의 원반 안에 무려 1,000억 개의 별을 품고 있다. 타원은하는 이보다 더 크고 둥근 모양이다. 마지막으로 불규칙은하는 더 작고, 모양도 일정하지 않다. 1936년 허블이 은하를 외형에 따라 분류했는데, 이 분류가 현재도 활용된다.

허블의 결론은 당시의 지식을 뒤엎는 내용이었다. M31은 우리 은하에 속하기에는 너무 멀었던 것이다. 나아가 허블은 자신이 찍은 천체 사진을 토대로 안드로메다은하보다 작지만 모양이 비슷한 다른 나선은하들은 더 멀리 떨어져 있다고 확신했다. 우주의 규모가 확 달라졌다. 우주는 압도적으로 광대하고, 매우 멀리 있는 헤아릴 수 없는 '은하'들로 가득 차 있었다.

허블은 순조로이 연구를 계속했다. 그는 천문학자 밀턴 휴메이슨(1891-1972)의 도움을 받아 분광학(〈200년 전, 프라운호퍼가 분광학을 개발하다〉를 볼 것)을 이용해 은하를

> 아인슈타인 같은 천재도 우주가 팽창 중이라는 생각은 발전시키지 못했다. 그는 '불변의 우주'라는 논리를 설명하기 위해 '우주 상수'라는 개념을 만들어 냈다.*

● 감수자 주 아인슈타인은 우주는 현재 상태를 유지한다고 굳게 믿었다. 그런데 자신의 중력 이론에 따르면 우주는 중력 작용으로 수축해야만 하는 딜레마에 빠졌다. 이 문제를 해결하기 위해 중력에 반대되는 가상의 에너지를 생각하여 '우주 상수'라 이름 붙였다. 자신이 생각하는 우주를 만들기 위해 생각한 개념이었다. 아인슈타인은 나중에 이 일이 자신의 큰 실수라고 고백했다.

연구했다. 윌슨 산의 망원경도 여전히 그의 연구에 중대한 역할을 했다. 그는 은하들이 실제로 매우 멀리 있을 뿐만 아니라 이 은하들의 스펙트럼이 빨강을 향해 장소를 옮겨 간다는 사실을 알아냈다. '도플러 효과'라는 특수한 물리적 현상에서 비롯한 이 '적색이동'이, 은하들이 지구에서 멀어지고 있음을 증명한 것이다. 허블은 1929년 엄청난 파문을 일으키는 발표를 했다. 은하들이 멀어지는 것은 우주 전체가 팽창 중이기 때문이라는 놀라운 주장이었다! 은하들 사이의 거리가 멀어짐에 따라 우주의 부피 또한 커진다는 의미였다. 허블이 우주의 팽창을 설명하기 위해 확립한 법칙에는 그의 이름이 붙게 되었다.

> **도플러 효과는** 한 물체의 소리나 빛이 그 물체가 관찰자에게 다가오느냐 멀어지느냐에 따라 주파수를 바꾸는 현상을 말한다. 대표적 예가 소방차 사이렌이다. 사이렌은 소방차가 다가오면 높게 들리고 멀어지면 낮게 들린다.

움직이지 않는 은하의 스펙트럼

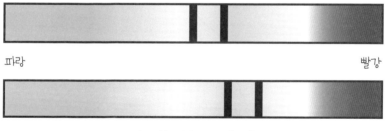

파랑   빨강

멀어지는 은하의 스펙트럼

멀어지는 천체의 스펙트럼 띠는 빨강을 향해 이동한다. 허블은 이 적색이동을 매우 많은 은하의 스펙트럼 속에서 관측했고, 그 결과 우주가 팽창 중이라는 결론을 얻었다.

알고 넘어가야 할 과학 지식

우주가 팽창하고 있다면 시간을 거슬러 올라가 아주 먼 과거, 그러니까 전 우주가 점 하나로 축소되는 순간을 상상해 볼 수 있다. 우주의 탄생이라 해도 좋을 이 순간은 136억 년 전에 있었다. 이것이 빅뱅이다. 지극히 작고 극도로 뜨거운 하나의 점, 장차 별들과 은하들을 만들어 낼 모든 물질을 포함한 이 점이 갑자기 부풀기 시작해 오늘날 우리가 알고 있는 우주가 되었다.

오늘날의 우주

우주는 약 1,000억 개의 은하를 포함한다. 그리고 은하는 은하성단의 모임이다. 그런데 이 모든 은하는 우주의 지극히 작은 한 부분을 이룰 뿐이다. 결국 우주는 전혀 보이지 않는 재료로 구성되었다고 말할 수 있다. 현재로서는 우리도 '진짜' 우주가 어떻게 생겼는지는 모른다는 말이다.

유럽의 플랑크 우주탐사선

시간을 거슬러 올라가 '빅뱅 시나리오'의 증거를 얻으려는 천문학자들에게는 훌륭한 도구가 있었다. 빛이 유한한 속도로 퍼진다는 사실. 단순한 이야기다. 멀리 있는 은하들의 빛은 그만큼 오랜 시간 여행했을 테니 우리가 보는 모습도 더 먼 과거 즉 젊은 시절의 모습이란 소리다. 그러니까 허블우주망원경(이 유명한 천문학자를 기리기 위해 붙은 이름이다)으로 관측한 은하들은 130억 년 전의 모습인 셈이다. 우리가 볼 수 있는 가장 오래 전의 우주의 모습은 인공위성인 코비 위성과 플랑크 탐사선이 보내준 영상이다. '우주배경복사'라 불리는 이것은 우주가 방출한 최초의 빛으로, 당시 우주의 나이는 겨우 30만 년이었다. 이보다 이전의 우주는 완전히 불투명했으므로 우주의 유년시절은 절대 관측할 수 없을 것이다. 그래도 과학자들은 프랑스와 스위스 국경에 있는 대형 강입자 가속기(LHC) 같은 입자 가속기로 실험을 거듭하며 우주의 초기 상태를 재현하려 애쓰고 있다.

플랑크 위성은 우주의 가장 깊숙한 부분을 선명하게 촬영했다.
이 사진이 우주 탄생으로부터 단 30만 년 후의 모습이다. 색깔이 있는 곳(사진에서 더 밝게 보이는 부분)이 우주에서 가장 뜨거운 지대로, 여기서 장차 은하들이 탄생한다.

실험

난이도

팽창 중인 우주의 모형을 만들자

팽창 중인 우주를 직접 확인할 수 있는 실험은 두 가지가 있다. 하나는 건포도 케이크 만들기다. 케이크 반죽을 오븐에 넣으면 부풀어 오르면서 건포도들이 서로 멀어진다. 이 건포도를 우주 속의 은하라고 생각하면 된다. 하지만 틀에서 꺼낸 케이크를 자른 후에야 결과를 볼 수 있다. 또 다른 실험은 고무풍선만 있으면 되니까 더 간단한 데다, 원하면 몇 번이고 반복할 수도 있다.

준비물

- 밝은 색 풍선
- 수성펜 혹은 진한 펠트펜

1 고무풍선 한 봉지를 준비한다. 풍선 색깔은 아무것이나 좋지만 되도록 밝은 색깔로 고르자.

2 터지지 않게 조심하면서 풍선을 분다. 다 불면 살짝 헐겁게 매듭을 짓는다.

3 풍선 표면에 수성펜이나 진한 펠트펜으로 얼룩을 스무 개쯤 그린다. 풍선 표면이 우주, 얼룩이 은하라고 생각하자. 혹 그림 솜씨가 있다면 단순한 얼룩 대신 갖가지 모양의 은하를 그려 보는 것도 좋다.

4 잉크가 마르면 매듭을 풀어 풍선의 바람을 뺀다. 이제 우주의 팽창을 간단히 증명할 준비가 끝났다.

5 친구들 앞에서 시범을 보이기 전에 거울을 보면서 혼자 연습해 보자. 풍선을 천천히 분다. 한 번 숨을 불어 넣을 때마다 어떻게 변하는지 관찰하자. 풍선이 부풀수록 얼룩들은 서로 멀어질 것이다. 우주의 은하들도 이와 똑같다.

풍선의 크기가 아니라 풍선의 표면으로 우주를 나타낸 사실은 단순화된 관점이기는 해도 매우 흥미롭다. 진짜 우주에서처럼 풍선 위에서도 특별히 중요한 장소 즉 '중심'이라 할 만한 곳은 찾아볼 수 없다. 어떤 은하도 다른 은하보다 더 중요한 위치를 차지하지 않는다. 한복판도 없고 구석진 곳도 없다는 소리다. 우주에도 풍선 위에도 경계선은 없다.

30

50년 전

닐 암스트롱이
달 표면을 걷다

한 사람에게는 작은 발걸음이지만…

제2차 세계대전이 끝나고 당시의 두 강대국 미국과 구소련 사이에 냉전이 정착한다. 두 진영은 군비 경쟁뿐만 아니라 우주 개발 경쟁에도 뛰어들었다. 처음에는 구소련이 어느 정도 우위를 보였다. 구소련은 1957년 최초의 궤도 인공위성(스푸트니크 1호)을 쏘아 올렸고, 1961년에는 우주에 최초로 사람(유리 가가린)을 보냈다. 이에 자극 받은 미국의 존 F. 케네디 대통령이 1961년 야심찬 우주 계획을 선언했다. '1970년을 맞기 전에' 미국인 우주비행사를 달에 보낸다는 것이 이 아폴로 계획의 목표였다.

인류를 달에 보내기 위해서는 우선 1961년 당시에는 없었던 기술을 개발해야 했다. 곧 미국은 인류 역사상 가장 강력하고 커다란 로켓 새턴 5호를 만들었다. 높이 110미터, 무게 3,000톤의 이 로켓은 원자력 발전소 서른 곳에서 만들어 내는 것과 같은 에너지를 생산했다. 또 우주로 118톤의 장비를 보낼 수 있었는데, 우주선의 착륙 목표지는 물론 달이었다. 지상에서 우주비행사들이 훈련하는 사이 달 탐사선들이 우주로 가서 적절한 달 착륙지를 물색했다. 어떤 탐사선은 궤도를 돌

우주로 간 사람들은 국적에 따라 저마다 달리 불린다. 프랑스인은 스파시오노트(spationaute), 미국인은 아스트로노트(astronaute), 러시아인은 코스모노트(cosmonaute), 중국인은 타이코노트(taikonaute)라 불린다. 그런데 국적에 상관없이 결국 우주비행사 즉 아스트로노트(1927년부터 사용된 가장 오래된 어휘로 '별들의 여행자'라는 뜻)의 일을 수행하므로, 이런 제각각의 호칭은 좀 번거롭게 느껴진다.

며 달을 촬영했고, 어떤 탐사선은 임무를 수행하고 달 표면에 충돌했다. 나사(NASA)는 달 착륙지를 결정하기 위해 프랑스의 픽 뒤 미디 천문대에 거울 구경 1미터짜리 망원경을 제공했다. 그리고 이것으로 달을 구석구석 관측했다. 이 망원경으로 얻어 낸 영상은 오랫동안 지구에서 본 가장 훌륭한 달의 영상으로 평가되었다. 혹 프랑스의 피레네 산맥 쪽으로 갈 기회가 있으면 전설적인 이 천문대를 꼭 방문해 보자.

아폴로 11호 탐사단을 싣고 간
로켓 새턴 5호의 발사 장면

몇 년에 걸친 시도와 유인 탐사(1969년 5월, 아폴로 10호가 달 표면 상공에서 불과 15킬로미터까지 접근했다) 끝에 미국이 마침내 달에 인류를 보내게 된다. 1969년 7월 16일, 미국 플로리다 주의 케이프커내버럴 우주 센터에서 아폴로 11호가 이륙한다. 나흘 후, 달착륙선이 고요의 바다에 내려앉는다. 하강 때 생긴 예기치 못한 사태들로 인해 착륙 지점은 결국 예상 지점에서 7킬로미터 떨어진 곳이었다. 꼼꼼한 점검을 마친 후 마침내 닐 암스트롱 대장이 달착륙선 이글 호에서 내린다. 수많은 시청자들이 TV 중계를 지켜보는 가운데 그는 인류 역사상 최초로 달 표면을 밟는다. 그리고 이런 유명한 말을 남긴다. '한 사람에게는 작은 발걸음이지만 인류에게는 커다란 도약이다.'

1969년 7월 20일, 두 사람이 달 표면을 밟았다. 닐 암스트롱 대장과 에드윈 올드린 주니어 조종사.

알고 넘어가야 할 과학 지식

아폴로 계획의 탐사단이 달에서 채취한 표본과 약 400킬로그램의 달 암석을 가지고 지구로 귀환함으로써 우리는 달에 관해 많은 것을 알게 되었다. 우선 달의 정확한 나이가 지구와 맞먹는 45억 년이란 사실이 밝혀졌다. 현재 달의 탄생을 설명하는 가장 유력한 가설은 지구와 화성 크기의 물체가 충돌했다는 설이다. 달의 바다에 관해서는 달이 생기고 얼마 후 거대한 운석들이 쏟아져, 맨눈으로도 볼 수 있는, 용암이 굳어져 만들어진 어둡고 거대한 바다가 생겼다는 설명이 지배적이다.

달은 지구보다 작으므로 물체들을 훨씬 덜 잡아당긴다. 그 결과 중력이 더 약하다.

달 표면에는 다양한 크기의 운석구덩이가 있는데 큰 것은 지름이 100킬로미터에 이른다. 이것들도 운석이 떨어진 흔적인데, 달 표면에 '바다'를 탄생시킨 것들보다는 더 작은 운석들로 짐작된다. 운석의 흔적이 수십 억 년이 지나도록 고스란히 남아 있는 이유는 침식도 없고(달에는 공기가 없으므로), 지구에서 대류 이동의 원인이 되었던 지각 변동도 없기 때문이다. 망원경으로 관측하면 무수히 많은 운석구덩이가 보이는데, 그 가운데는 매우 울퉁불퉁한 것들도 있다. 아폴로 탐사

달 표면의 중력은 지구의 6분의 1이다. 지구에서 80킬로그램인 사람이 달에 가면 14킬로그램에 불과하다. 84킬로그램(지구에서 측정했을 때)이나 되는 우주복을 입은 우주비행사들도 달에서는 30킬로그램을 넘지 않는다. 그들이 달에서 경쾌하게 뛰어다닌 것은 그 덕분이었다.

단이 설치한 반사판 덕에 지구로부터 레이저 발사가 가능해졌고, 이로써 지구와 달 사이의 정확한 거리를 측정할 수 있었다. 이때 과학자들은 달이 천천히(1년에 몇 센티미터쯤) 지구에서 멀어지고 있다는 놀라운 사실을 확인했다.

1972년 아폴로 17호 탐사단 이래 달에 발을 디딘 사람은 없다. 그렇다고 과학자들이 달에 대한 흥미를 잃거나 달의 신비를 알아내는 노력을 게을리 한 것은 아니다. 특히 달에 물이 있느냐 없느냐는 커다란 수수께끼였다. 이 수수께끼를 풀기 위해 달의 남극 상공에 탐사선들이 보내졌다. 결론적으로 달은 대단히 건조한 천체임이 밝혀졌다. 현재 중국도 달 탐사에 흥미를 품고 있다. 중국은 2013년에 달에 로봇을 보냈고, 2030년에는 우주비행사를 보낼 것을 고려하고 있다.

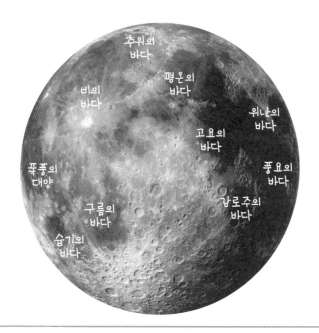

달의 바다는 거대한 용암 평원으로, 운석들이 쏟아져서 생겨났다.
달의 바다는 맨눈으로도 구별된다.

실험

달 표면의 약한 중력을 느껴 보자

중력이 약한 달 표면에서는 사람 몸무게도 지구에 있을 때의 6분의 1밖에 되지 않는다. 달 표면을 밟았던 열두 명의 우주비행사도 마음만 먹었으면 얼마든지 높이뛰기를 즐길 수 있었다는 소리다. 이번 실험으로 달에 가지 않고도 달에서와 비슷한 감각을 맛보고, 우주비행사 훈련을 받는 기분도 느껴 보자.

준비물

- 안전벨트를 갖춘 트램펄린 체험 코스 1회(레저 시설이나 스포츠 시설에서 체험할 수 있다)
- 약간의 용기
- 있어도 되고 없어도 되는 것 : 트램펄린

1 트램펄린 위에 장치한 금속 구조에 고무줄로 연결된 안전벨트를 몸에 매고 점프를 즐기는 운동이 있다. 우주비행사들도 이런 장치로 훈련을 한다. 여러분도 체험 코스가 있는 시설을 찾아가 약한 중력을 실감해 보자.

2 안전벨트에 연결된 고무줄이 달 표면과 비슷한 약한 중력 상태를 만들어 준다. 그러므로 안전벨트를 맨 상태에서는 몇 미터나 뛰어오를 수 있다. 원한다면 곡예사처럼 갖가지 자세로 도약을 거듭할 수도 있지만… 너무 흥분하지는 말자.

3 혹 집에 트램펄린이 있으면 굳이 스포츠 시설을 찾아가지 않아도 된다. 비록 안전벨트 장치가 없어 높이 뛰지는 못해도 달 표면과 비슷한 감각은 맛볼 수 있다.

몸무게가 60킬로그램인 사람이 태양계의 행성들을 방문하면…

한 천체의 표면을 지배하는(그러므로 우리들의 몸무게도 결정하는) 중력은 천체가 무겁고 밀도가 촘촘할수록 더 크다. 예를 들어 토성은 거대 행성이지만 썩 촘촘하지는 않기 때문에 지구에서의 몸무게와 그리 큰 차이는 나지 않는다.

수성	금성	지구	화성	목성	토성	천왕성	해왕성
22kg	54kg	60kg	22kg	150kg	64kg	53kg	68kg

색인